想象力比知识更重要。

——爱因斯坦

版权专有　侵权必究

图书在版编目（CIP）数据

100亿光年宇宙漫游 /（英）达拉·奥·布莱恩,（英）凯特·戴维著 ;（英）丹·布拉莫尔绘 ; 区茵婷译 . — 北京 : 北京理工大学出版社，2020.9（2021.1重印）

(时空里的科学秘密)

书名原文：Beyond the sky:you and the universe

ISBN 978-7-5682-8638-1

Ⅰ．①1… Ⅱ．①达… ②凯… ③丹… ④区… Ⅲ．①宇宙－儿童读物 Ⅳ．① P159-49

中国版本图书馆CIP数据核字（2020）第113001号

北京市版权局著作权合同登记号　图字：01-2020-2185

Beyond the Sky: You and the Universe
Text © Dara O Briain, 2017
Illustrations © Dan Bramall, 2017

出版发行 / 北京理工大学出版社有限责任公司
社　　址 / 北京市海淀区中关村南大街5号
邮　　编 / 100081
电　　话 /（010）68944515（童书出版中心）
网　　址 / http://www.bitpress.com.cn
经　　销 / 全国各地新华书店
印　　刷 / 三河市华骏印务包装有限公司
开　　本 / 880毫米 ×1230毫米　1/32
印　　张 / 9.5　　　　　　　　　　　　　　　责任编辑 / 梁铜华
字　　数 / 150千字　　　　　　　　　　　　　文案编辑 / 杜　枝
版　　次 / 2020年9月第1版　2021年1月第2次印刷　责任校对 / 刘亚男
定　　价 / 88.00元　　　　　　　　　　　　　责任印制 / 王美丽

图书出现印装质量问题，请拨打售后热线，本社负责调换

100亿光年宇宙漫游

〔英〕达拉·奥·布莱恩，〔英〕凯特·戴维 著
〔英〕丹·布拉莫尔 绘
区茵婷 译

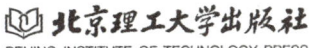

北京理工大学出版社
BEIJING INSTITUTE OF TECHNOLOGY PRESS

此书献给O君、C君和N君,感谢他们一直孜孜不倦地探索浩瀚的未知世界。

目录

6	听说你想去太空？
15	我们能走多远
75	我们能把东西发射到多远的太空
155	我们能看多远
223	那些只能靠猜的事
267	终章（亦是开篇）
278	关于作者
280	科学小笔记

听说你想去太空?

不会吧?你疯了吗?为什么?

别去,真的不要去——去太空真的是一个非常糟糕、非常不明智的想法。我们人类已经完美地适应了地球上的生活,地球既美丽又可爱,不是吗?我们在地球上可以自由地走动、顺畅地呼吸、自在地喝水、大口吃蔬菜、舒服地读书看报,但如果到了**太空**,我们一出门,要么被**冻僵**,要么被**烤焦**,要么被**压扁**,太可怕了!

你现在正舒服地坐在椅子上吧?到了太空,你想都别想!那儿可没有椅子。就算有,只要你稍微移动身体,椅子就会**浮起来**,因为太空没有地球上那样的地心引力,没法把你拉向地面。于是你浮在了半空中,像游泳一样,手脚并用,试图回到椅子上,可是已经没办法呼吸了。为什么?因为太空没有空气!至少在星球与星球之间是没有空气的。就算星球上有"气体",那也跟咱们可爱的地球上的空气成分不一样,所以还是没办法呼吸。你要真想上太空,我只能祝你走运了。

去太空?**那真的是个不要命的想法。**

要去太空，你得从舒服的沙发上**飘起来**，进入那个人迹罕至、浩瀚无边的空间。在这过程中，你的身体会**发胀**，舌头上的水分开始滚烫得犹如烧开的水一样，由于失去了地球大气层的保护，你的皮肤会被太阳光直接暴晒而被严重烧伤。就算你挣脱了上面说的所有艰难险阻，你以为你能飞到哪去？太空如此之大，简直无法想象！而且太空里的一切——彗星、卫星、黑洞、爆炸的恒星以及各种稀奇的东西，距离我们极其遥远，它们彼此之间的距离也非常遥远，我们花一辈子的时间也别想飞抵终点。

那为什么人们还要去太空？

因为正如刚说的，那里有……

彗星

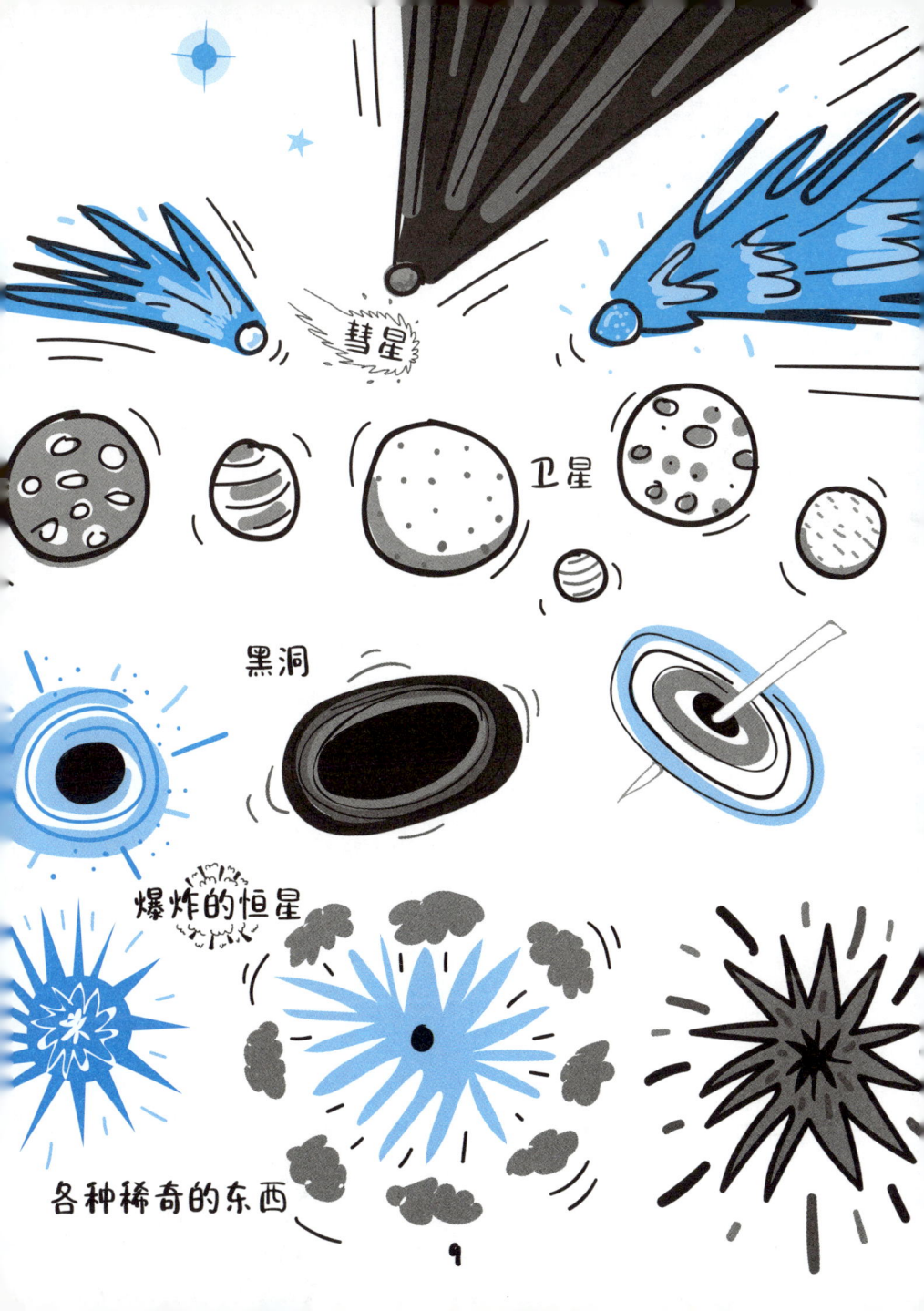

卫星

黑洞

爆炸的恒星

各种稀奇的东西

它们听起来却又真挺吸引人的。这还没说到小行星带、星系碰撞、有行星环的行星、外星人、星座……不胜枚举。

太空里有很多**神奇**的东西。人类从未停止过抬头仰望天空,好奇于天空外的世界,努力以各种方式一探究竟。时至今日,人类依然好奇着、探寻着。

好吧,你说你想探寻太空,我终于理解了,因为那是人类的天性。多少个世纪以来,人类一直梦想着总有一天能去太空旅行。为了实现这一愿望,先驱者为此献出了生命。伟大的科学家们奉献毕生精力投入研究,全世界也在热切关注着世界各国征服太空的科技竞赛。不少人(包括我自己)认为,让太空探索的旅程成为现实,是人类作为地球上的一个物种,实现的最伟大的成就之一(在伟大功绩排名榜上险胜室内厕所和番茄酱)。

说到太空,就不得不提宇航员。我们当中只有极少数幸运者能穿上宇航服,坐进**宇宙飞船**,体验在零重力状

态下旋转的感觉。未来是怎样，谁会知道呢？没准以后你就能成为这样的幸运者之一呢。等你当上了宇航员，就能告诉我们，**宇宙飞船**到底能飞多远？做一名宇航员需要战胜哪些困难？等我们说到**厕所**那一部分时，你就知道了。

但是！你要记住这个"**但是**"！宇宙飞船能到达的地方也是有限的。有些地方极其危险；而有些地方则太过于遥远，需要花费数年时间才能抵达；有些地方去了就回不来……你或许会想，那就别去那些地方呀，只到力所能及的地方就好了。别让艰难险阻吓到了你。你不仅可以设计火箭、机器人和探测器，把它们发射到太空里，替你探寻太阳系的每一个角落，而且可以让它们告诉你有什么新发现，更可以认识我们的邻居——那些绕着太阳转的行星、卫星，以及小行星们，但或许这些还不能满足你的求知欲。

或许你想知道那些人类最伟大的问题的答案，比如：

回程票呢？

售票处

★ 人类所在的宇宙到底是怎样的？

★ 它是如何诞生的？

★ 它将会以何种形式消亡？

★ 在我们生活的这个小小星球外面，除了太阳系中的八大行星外，还有些什么？

★ 要想探索这些未知空间，我们该造出怎样的火箭呢？

火箭给不了我们答案。搭乘**时光机**，追溯到地球远古的历史，说不定我们能找到这些伟大问题的答案。

你说你想去探索？走吧，浩瀚宇宙在等着你呢！要不我们组团去探索，看看能发现什么奥秘吧？

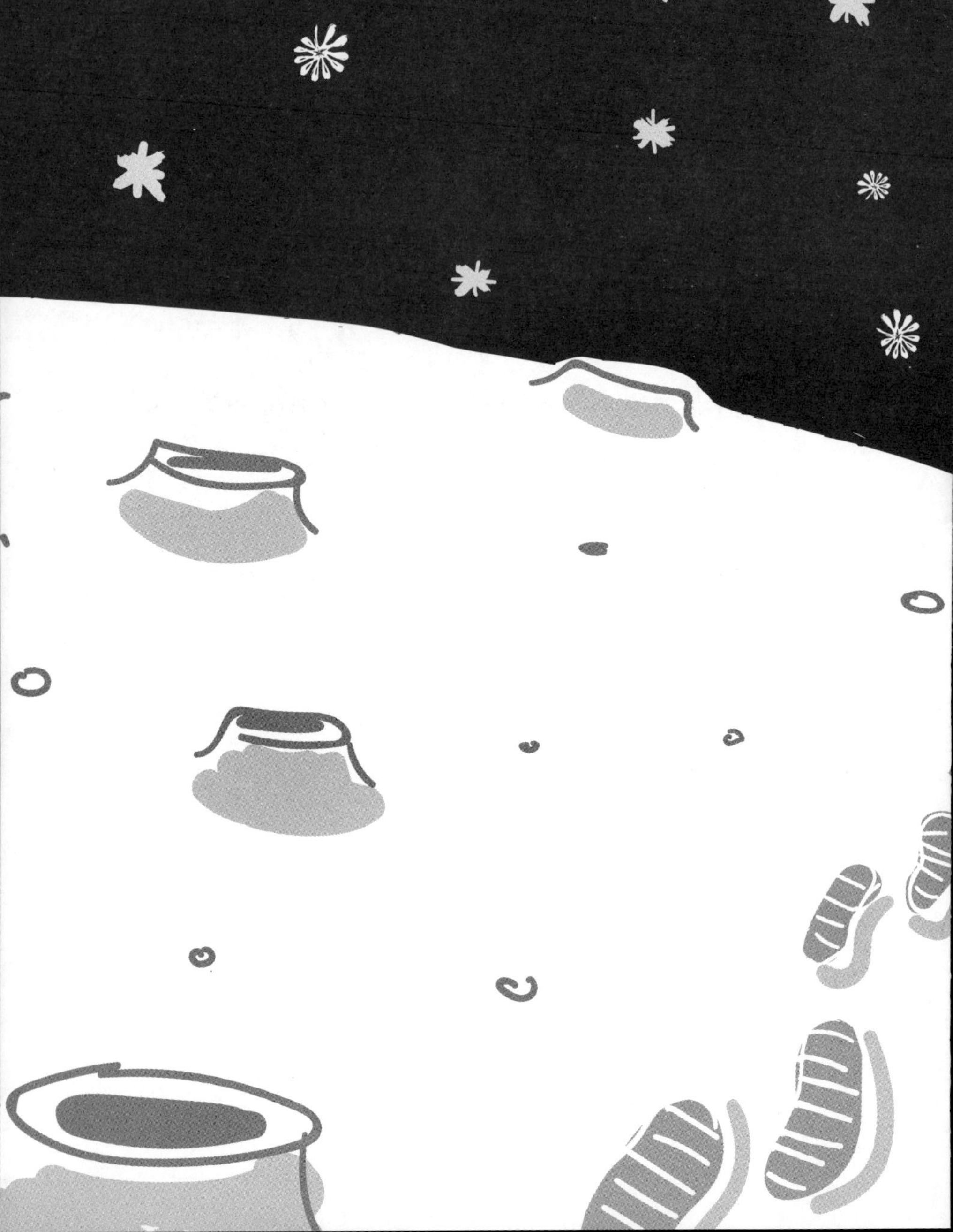

我们能走多远

人类虽然已经能够进入太空,但其实并没能走多远。人类踏足最远的地方仅是月球,这种太空旅行的动作强度,顶多相当于你从沙发上探起身子,去茶几上拿包薯条的程度。之所以说没多远,正是因为像我提到过的,太空旅行是很危险的事,而且费用也**很高昂**——光是一套宇航服,造价就高达数百万美元,造宇宙飞船就更不用说了。估计这句话我会在这本书里反复强调很多次,太空真的太大了,各行星、恒星之间距离太远了,从一个地方到另一个地方,要用上非常漫长的时间。如果你乘坐现有的飞行速度最快的宇宙飞船从地球出发去**火星**,那么单程也得花上大约8个月的时间。这么长的时间,估计抵达终点的时候,当初为你量身定做的宇航服都不合身了吧,所以科学家觉得,既然去火星的路如此漫长而且乏味,干脆就让宇航员们**睡**一路好了。如果他们大部分时间都在沉睡,那么就不会脾气暴躁地每小时互相盘问20次:

"我们到了没?"

甚至光是起飞就已经不容易了，因为有重力。重力是一种力——让万物在无形中互相影响的力，使万物之间相互吸引或排斥。这听起来很复杂、很难懂，但其实你早就体验过不知道多少回了，每一次当你手拿**磁铁**去靠近另一块**磁铁**的时候，你都能清楚地看到磁铁是怎么运动的。两块磁铁是相互吸引，还是相互排斥，取决于你是怎么拿的。同极相斥，异极相吸，磁铁之间吸引或排斥的力，叫磁力。

但**重力**只会吸,而且你并不需要制造像磁石一样特别的金属来产生重力。一切有物理质量的东西(你、你的书、你的晚餐)每时每刻都在吸引着周围的东西。只不过这种**吸力**比磁石的吸力要小得多。你得谢天谢地了,不然的话,你就会跟你的晚餐、你的书,甚至你的家人粘在一起,仿佛一个巨大的肉丸子了。

当物体有着异常巨大的物理质量,比如我们居住的这个星球,重力就会变得异常强大且无法被忽略。地球有着非常强大的地心引力,跳一下你就知道——你一跳起来,马上就会被吸回到地面上去。

此刻，地球也在把你往下扯，这样你才不会飘浮在半空中。在一颗质量比地球小的行星——例如火星上，重力也会相应地减小，用相同的力量**跳起来**，在火星上你会比在地球上跳得更高。月球的质量比地球小很多，仅有地球的1/6，所以宇航员在**月球**上都是跳着前行的，感受只有平时的1/6的体重是多么**身轻如燕**。当然了，如果你到一个质量比地球大得多的行星上，那么上面的重力就会比地球大得多，行动起来你就得花更多的力气，手脚重得仿佛灌了铅一样。

我飘~

质量大的物体会把质量小的物体往自己的方向拉。地球的**引力**吸引了**月球**,所以月球才会绕着地球一圈又一圈公转,而太阳的引力又吸引着其他行星,所以太阳系的行星都是绕着太阳公转的。

地球的引力如此巨大,以致宇宙飞船需要

极其强大

的能量作为动力才能从地面起飞,冲进太空。多少年来,科学家都不知道这是否可行。**早在17世纪**便有人预言,人类迟早能进入太空——他就是艾萨克·牛顿爵士。他是一个天才,一个有点"古怪"的英国科学家。他坚信,要了解宇宙运行,需要的是仔细观察身边的世界,而非盲目相信书本,因此有一次,他拿起一根针往自己的**眼睛**里刺,想看看这么做会发生什么事。

看来天才偶尔也会做**傻事**啊。

这是个非常
聪明的人

书是好东西

这种行为也是
很愚蠢了！

牛顿也是第一个发现地心引力的人。地心引力就是让太阳系行星绕着太阳公转的力量，也是我们把手里物体松开时，**物体**会自由掉落地面的力量。他说过，只要有足够的**能量**，炮弹也能突破地心引力冲上天空**绕着**地球转。牛顿或许还没意识到，要让炮弹飞上太空并绕着地球转，得需要多大的能量，以及这么做，得需要多大一枚火箭。

地球
在这儿

根据官方数据，从头顶以上100千米处开始往上，就算是进入**太空**了。这么算来，太空也不算太远嘛。我住在伦敦，从我家到太空的距离，比从我家到海滩的距离还要近呢。

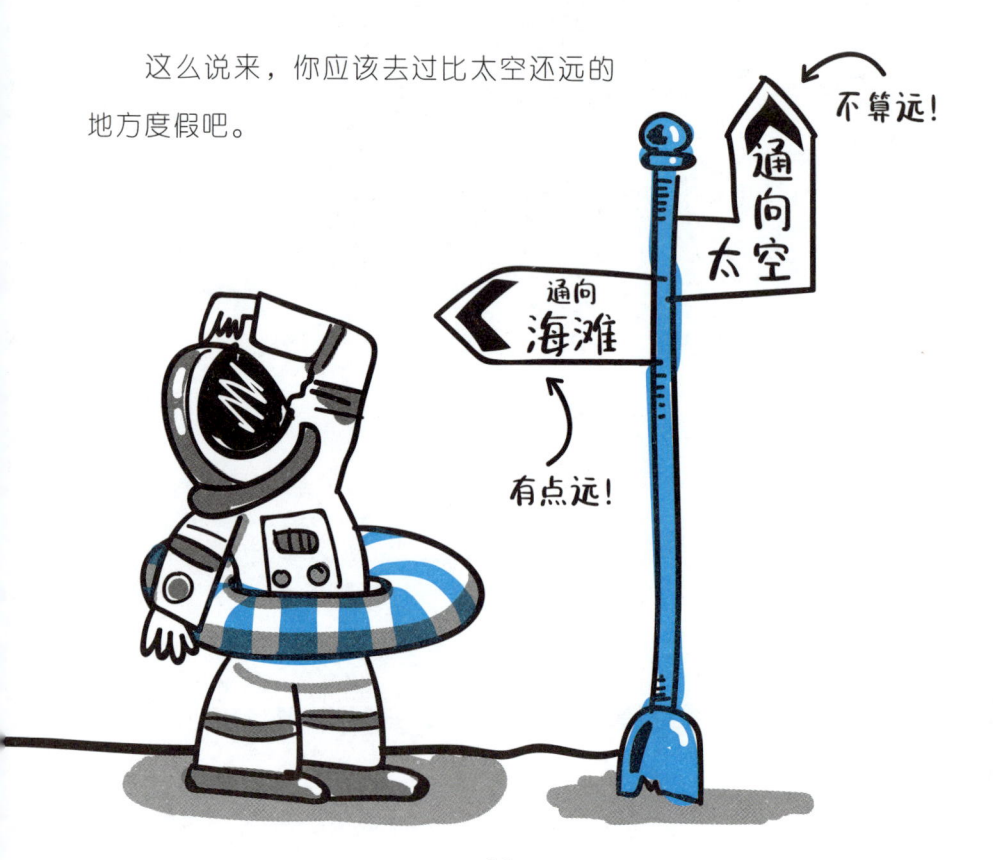

这么说来，你应该去过比太空还远的地方度假吧。

不算远！
通向太空

通向海滩

有点远！

要飞上距离地面100千米远的地方，其实并不算太困难，只要你能说服美国宇航局（NASA）或俄罗斯联邦航天局（RKA），下一次宇宙飞船起飞的时候载你一程就行了。

> 还能塞一个小孩子吗？

> 不行！

坐上宇宙飞船进入太空后，你就能在无重力（我们之后会解释）的机舱里舒服地（这我们之后也会解释）俯瞰欣赏我们称为"家"的蓝绿色星球了。你能看到旋转的云朵，以及下面城市璀璨的灯光。运气好的话，说不定你还能看到流星呢——细小的石块从太空进入地球，穿过大气层的时候会**燃烧**。

很多宇航员说过，从太空看地球，会让你燃起对地球的保护欲，所以你看过之后，或许就能感觉到，咱们的星球有多么独特。

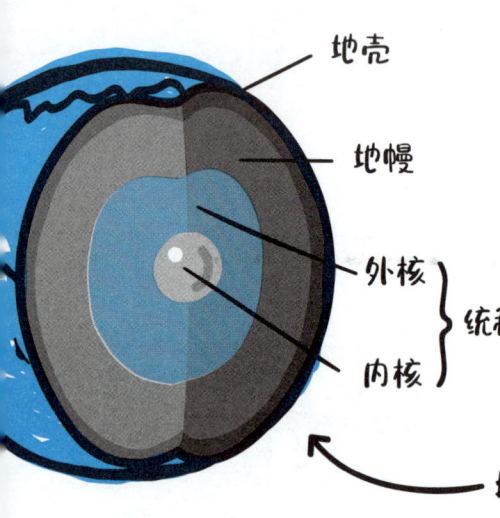

其实不然，地球只是一颗很普通的行星，并没有多独特。它只不过是一块巨大的石头。这块巨石熔融的核心温度跟太阳表面的温度差不多。

地壳
地幔
外核
内核
统称地核

地球：没啥特别

地球位于太阳系中距离太阳不远不近的地方——在太阳系的八大行星里，**从近到远排行第三。**它……

公转速度不是最快的。体积既不是最大的，也不是最小的；温度既不是最高的，也不是最低的。

地球不像土星，没有绚丽迷人的**行星环**，就只有一个冷冷清清、灰头土脸的卫星——月球。

这么说吧，要是玩星际排行榜，地球一个好名次也没有，但事实上，却也正是地球的平凡无奇，才使它成为特别的存在。

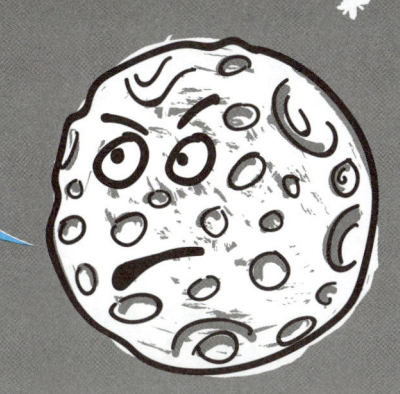

喂！

你这算是在**挖苦**我吗？

谷迪洛克带

到目前为止,就人类所知,地球是太阳系里唯一有生命体存在的行星。这正是因为地球距离太阳既不太近,又不太远,温度既不太热,又不太冷,体积既不太**大**,又不太小。地球的环境对于万物的生存来说,**是完美的**。

如果地球距离太阳太近,那么我们就会像厨房里被烹饪的食物一样,不是被煎糊了就是被热融化掉了。

如果地球距离太阳太远,接受不到足够的**太阳热量**,那么我们会被**冻结**——像你放在冰箱冷冻格里的食物那样。人体的含水量约为70%,这么一冻,都变成"雪人"了,但那可不是圣诞节小伙伴们一起堆的那种好玩的雪人。实际上,我们都会被冻死的。

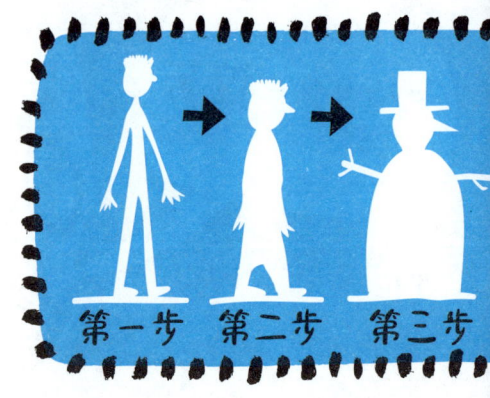

第一步　第二步　第三步

地球与**太阳**有着适当的距离，并不是使地球上有生命体的唯一原因，还有其他天体距太阳的距离和地球差不多。比如，月球，是不是也适合万物生长呢？可实际上，想在月球上生存是非常艰难的。被太阳照射的时候，月球表面温度可超过**100℃**，比沸水还要滚烫。与此同时，背光的一面，温度却仅有**-200℃**。如果住在月球上，你的衣服穿了又脱，脱了又穿，那么外面天气到底是**滚烫**还是**严寒**？光是查天气预报就耗上一整天时间。

地球适宜万物生长，而月球寸草不生的原因，是地球拥有**大气层**，这层气体可以阻挡太阳发出的**有害光线**，保护我们不被灼伤，合适的阳光让我们保暖。大气层还确保我们能够拥有呼吸所需要的足够空气，非常棒。

让地球上的生命繁荣昌盛的不止大气层，还有一样东西，它是包括人类在内的地球上的生命体，还非常有幸地拥有着宇宙中最不寻常又最有用的东西之一：

水。

在自然状态下，地球上的水会有三种形态——固态、液态和气态。这就是水的独特之处。

当水被加热就会变成水蒸气，而冷却后又重新变为液态。这种物理性质有助于调节地球上的气温。水从海洋蒸发，形成云，再化为雨重新落下。忘记带伞直接被雨淋了一身的时候，你或许会觉得很倒霉，可其实，正是下雨让地球维持了舒适的气温。

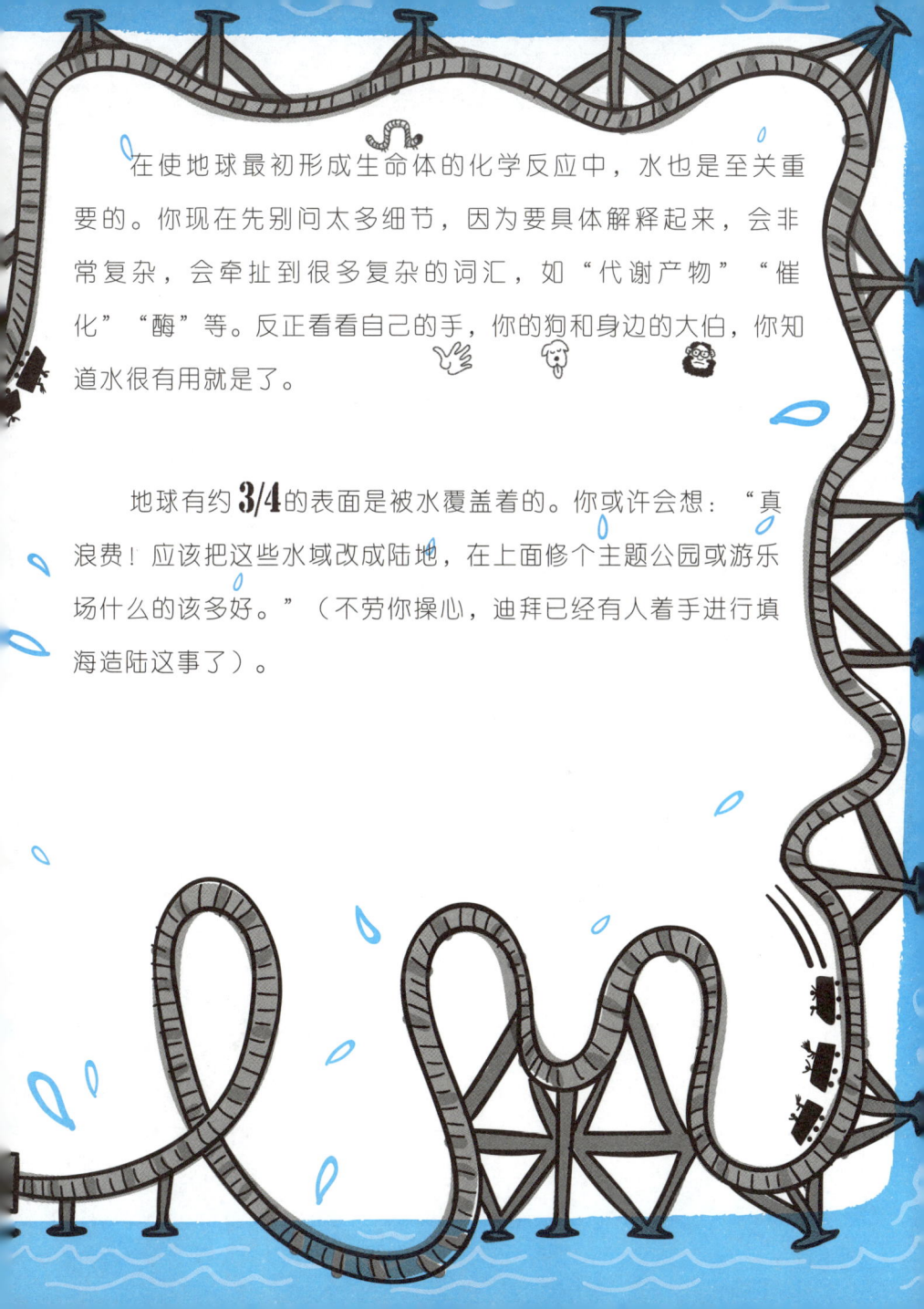

在使地球最初形成生命体的化学反应中，水也是至关重要的。你现在先别问太多细节，因为要具体解释起来，会非常复杂，会牵扯到很多复杂的词汇，如"代谢产物""催化""酶"等。反正看看自己的手，你的狗和身边的大伯，你知道水很有用就是了。

地球有约 **3/4** 的表面是被水覆盖着的。你或许会想："真浪费！应该把这些水域改成陆地，在上面修个主题公园或游乐场什么的该多好。"（不劳你操心，迪拜已经有人着手进行填海造陆这事了）。

如果不是有这么多水,那么地球已经人满为患了,而且地球是目前人类所知的太阳系中唯一一个在地表有液态水存在的星球(我们还在不断努力寻找更充沛的水资源,未来也将如此)。

所有这一切——大气层、水、适宜的温度,都让这个平平常常、不大不小,看起来甚至有点儿沉闷的地球成了**生命大爆发**的完美场所。有了这个场所,地球上才有了这一切:植物、老虎、直升机、国家、音乐、字母"G"……现在,人类还在寻找着是否存在另一个跟地球条件一样刚刚好的**星球**,我们能不能在上面找到其他生命体,见识一下其他星球上的老虎或直升机,听听他们的音乐呢?

有人在吗？

可至今为止，人类尚未在我们所处的**太阳系**中发现其他生命体。就算有，那也应该只是体形非常小的简单生命体——不懂得如何弹吉他，但宇宙那么大，肯定还在其他地方有其他生命体存在的。科学家们认为，宇宙中的所有天体里，应该有5％的行星跟地球有着类似的适合生命生存发展的环境。这听起来似乎不算多，但宇宙里的天体就我们知道的也有十亿甚至万亿个。这么一算，像地球那样的行星，大概也得以十亿为单位来计算了。就在2017年，美国宇航局在行星**TRAPIST-1**附近发现了一个新的行星系，在那里拥有可能适合生命存活环境的类地行星不止一个，而是三个！现在知道了吧？

地球真的没那么特别。

距地面380千米处

国际空间站

如果你有幸搭上了宇宙飞船的顺风车,你旅途的终点站很可能就是**国际空间站**了(**ISS**)。那是一座大小堪比一个美式足球场的航天器,此航天器沿着飞行轨道绕地球以每小时27500千米的速度运动。

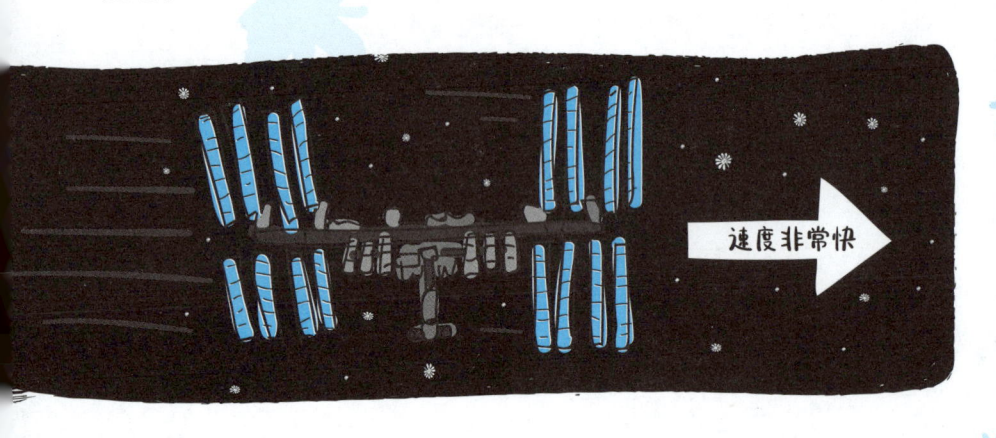

速度非常快

除了规模庞大,以及里面到处都是戴着头盔的美国人之外,国际空间站跟美式足球球场再没别的共同点。实际上它是一个巨大的太空实验室,其中会聚了来自世界各国的优秀宇航员。到目前为止,造访过国际空间站的宇航员已超过200人。这些优秀的宇航员来自五大洲。太空旅行真的很昂贵,去那里度假一周得花3000万美元呢!

> 窗外景观很不错,但要说到餐饮,还是法国老家的菜好吃。

"正式"的宇航员通常会在国际空间站停留6个月,也有的会停留更长时间(目前的世界纪录创造者是俄罗斯宇航员列里·波利亚科夫,他在俄罗斯的和平号空间站创下**停留437天**的纪录)。如果你翻开这本书是想要了解如何成为一位太空探索者的话,那你得好好研究研究这些"正式"宇航员的生活了。毕竟,宇航员是地球上官方排名第一**酷**的职业。迄今为止,我见过好几位宇航员,想跟他们比谁的经历更酷,你是不可能有胜算的。他们做的其实也是我们在地球上也会做的事,只不过地点换成了……

太空

像这样的对话:"我去大峡谷国家公园参观过。"

"哦?是吗?我也见过大峡谷……在太空上看到的!"

或者说像这样的:"昨晚那顿饭很不错。"

"我的也是,不过我是在太空上吃的!"

还是严肃点吧。其实,当**宇航员**并不轻松。像一名宇航员那样生活,是很辛苦的。

在**国际空间站**上的生活跟在地球上的生活相差十万八千里。国际空间站主要由太阳能板组成,宇航员生活的空间大约是一个有**5个卧室**的房子那么大,**6个人**共用的空间,而且你还无法在不穿航空服的情况下到户外活动。有幽闭空间恐惧症的人肯定受不了。

太空里没有重力，所以你基本上就是**飘来飘去**的。飘浮的感觉会让大脑产生混乱，所以不少宇航员刚开始的时候会患上"太空病"。这种病有点像晕船，可实际上比晕船更可怕，因为吐出来的东西会在飞船里到处**乱飞**，清理起来那是相当痛苦！给太空运送淡水也是相当耗财的，所以你连澡都不能洗——只能一边想象着洗澡的痛快感，一边用湿巾擦胳肢窝。NASA曾经做过实验，看人能坚持几天不洗澡。他们得出了惊人的结果——最终你的鼻子连**臭味**都闻不到了！不过那也得等上8天了。就算你能洗澡，洗澡水还是会飘浮在空中的，所以你得像跳舞一样**跳来跳去**地"蹭"水。这看起来有点蠢。

因为液体在太空中也能飘起来，所以你得习惯从塑料袋里把水吸出来，还得时刻小心水有没有漏出来，万一弄到**电脑**上会很不妙。因为人在太空里是飘浮着的，所以**睡觉**的时候得钻进绑在墙上的睡袋里，每天还得锻炼两小时，防止肌肉退化和关节僵硬。在太空里，想打个嗝也不是件容易的事，因为气泡不像在地球上那样永远往上走。还有，最可怕的莫过于上厕所这事儿了。解决的方法就是一个字：**吸**！我就顺便满足一下你的好奇心吧，吸出来的尿，会循环利用，过滤干净后，再成为你的饮用水，而 **大便** 则用袋子装好，送返地球。

爹地，你从太空给我带回什么小礼物了吗？好期待！

呃……不确定你会不会喜欢……

国际空间站上的宇航员一天到晚可不只是忙着到处乱飘、锻炼身体和与**幽闭空间恐惧症**抗争的，他们还得做各种实验，研究太空旅行会对人体造成何种影响。不妨跟你直说，太空旅行对人体的影响非常糟糕。在地球上，我们几乎感觉不到重力，但其实我们就像每时每刻在**健身房**做负重运动一样，重力要把我们**往下拉**，而我们就抬着自己到处走动。一旦失去重力，则肌肉和骨骼就会迅速萎缩退化。尽管每天锻炼两小时，宇航员重返地球以后，一般都会**虚弱**到在正常重力状态下也很难正常走路的地步。

关于零重力状态，这是我最后一次提了，之后至少在2页内不会再提起这个词。很多人以为在国际空间站里，宇航员处于零重力状态下到处飞，毕竟那里与地球的距离那么遥远，地球的重力应该影响不了国际空间站吧。随便逮一个你见到的成年人来问问，看他们是不是这么认为的。如果他们说是，那么你可以慢慢地**摇摇头**，然后语重心长地跟他们说："我对你感到很失望。"

国际空间站距离地面也就400千米,那里是有重力的。如果你找一把400千米长的**梯子**,爬到最高处,往下纵身一跃,你是飘不起来的。你只会以非常快的速度跌回地面上。

让我们来这样解释吧。你有没有留意过搭电梯的时候,当电梯开始下降时,有那么一瞬间你感觉整个人**轻**了一点?如果电梯就这么不受任何阻拦丝毫不放慢速度地往下掉(这叫"**自由落体**"),那么你就能感受到完全的无重状态了,直到电梯落到地面为止。可以说,在国际空间站和所有在轨道上运行的卫星都处于自由落体状态,但有点**倾斜**的路径让它们绕着地球转,而非笔直地插进地面。所以它们得以时速27500千米(17500英里)的

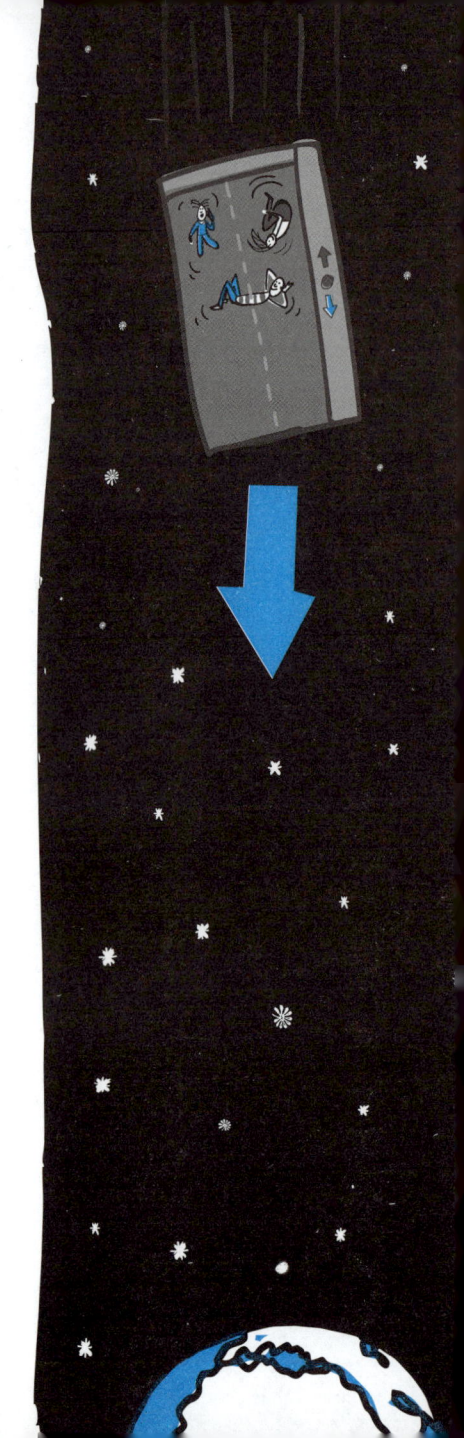

速度飞行。以这个速度运行，能让这些卫星避免与地球相撞，将路径维持在轨道上。

博物馆里有一个让你滚动钱币的装置。你会看到钱币滚出去后，每一圈都在缩减与中间一个洞的距离，最后就消失在中间的那个洞里。**重力**就好比中间的那个洞，而卫星的轨道就好比钱币无休止地在洞外面绕着洞在滚，但如果你没看过钱币是怎么滚的，那么这比喻对于帮助你理解来说，没什么实际意义。

国际空间站也有不少让人觉得很酷的地方。国际空间站每90分钟就能绕地球转一圈，所以一天内你能看到16次日出日落。一旦晕太空船的阶段过去了，无重力状态就会变得有趣而且方便起来。大家都知道，宇航员返回地球后，会经常把笔啊、杯子啊之类的直接摔地上。他们不是故意的，只是习惯了在太空随手一放，东西都会自己浮在半空中的状态。

幸运的话，那你还能穿上另一套特制的太空服执行太空船外活动（Extra-vehicular activity, EVA），即我们平常说的"太空漫步"。如果真的足够幸运的话，那么你就能在太空飞船外面静静地待上几分钟，看着地球在你脚底下转动，你认识的人都在那里吧。

另外，国际空间站中还有一个很特别的房间，里面可以容纳一位宇航员。就这么让宇航员在里面飘，触碰不到任何墙壁，也没有任何把手。在里面的宇航员会一直那么飘着，直到有人过去把他救出来。

喂？有人吗？伙计们，这一点都不好玩……

我要报名！

想去国际空间站的话，第一件要做的事是成为一个亿万富翁，**支付4000万美元**旅费。如果想免费上太空旅行的话，那你就得先成为一位**宇航员**。成为宇航员得具备几个条件：

1. 学俄语

大部分太空飞船都是俄罗斯制造的，控制板上的所有说明指南都是用俄文书写，而且太空站上大部分宇航员都是俄罗斯人。如果不懂俄语，那么你要怎么沟通？

2. 学会游泳

离开国际空间站重返地球的时候，很可能降落在海上。要不就随身带着一个飞机**救生衣**上的那种哨子，需要发出求救信号时就可以用得上。

嘟…嘟…

3. 掌握野外求生技能

如果不在海上降落,那么你就很可能**降落**在西伯利亚中部的冰原上。在冰天雪地中,你得跟狼群斗智斗勇。

4. 获得科学和数学双学位

在太空上你得做各种计算——计算飞船行进路线,确保飞船能在预计的时间抵达预设地点。想当宇航员的人可不少,所以你得保证**学习成绩**比别人好才行。

5. 学会开喷气式飞机

这个用不着详细解释了吧,开喷气式飞机跟开宇宙飞船有异曲同工之妙。

> 别飞太远了。

近地轨道

——高度范围在地球上方180米到2000千米

国际空间站在近地轨道绕地球飞行,即国际空间站其实距离地球表面不算远。如果说从地球到**月球**旅行的距离相当于走到街角处的便利店的距离,那么从地球出发去近地轨道,也就相当于脚刚踏出门口,看看天气如何,是否需要穿件外套上街。

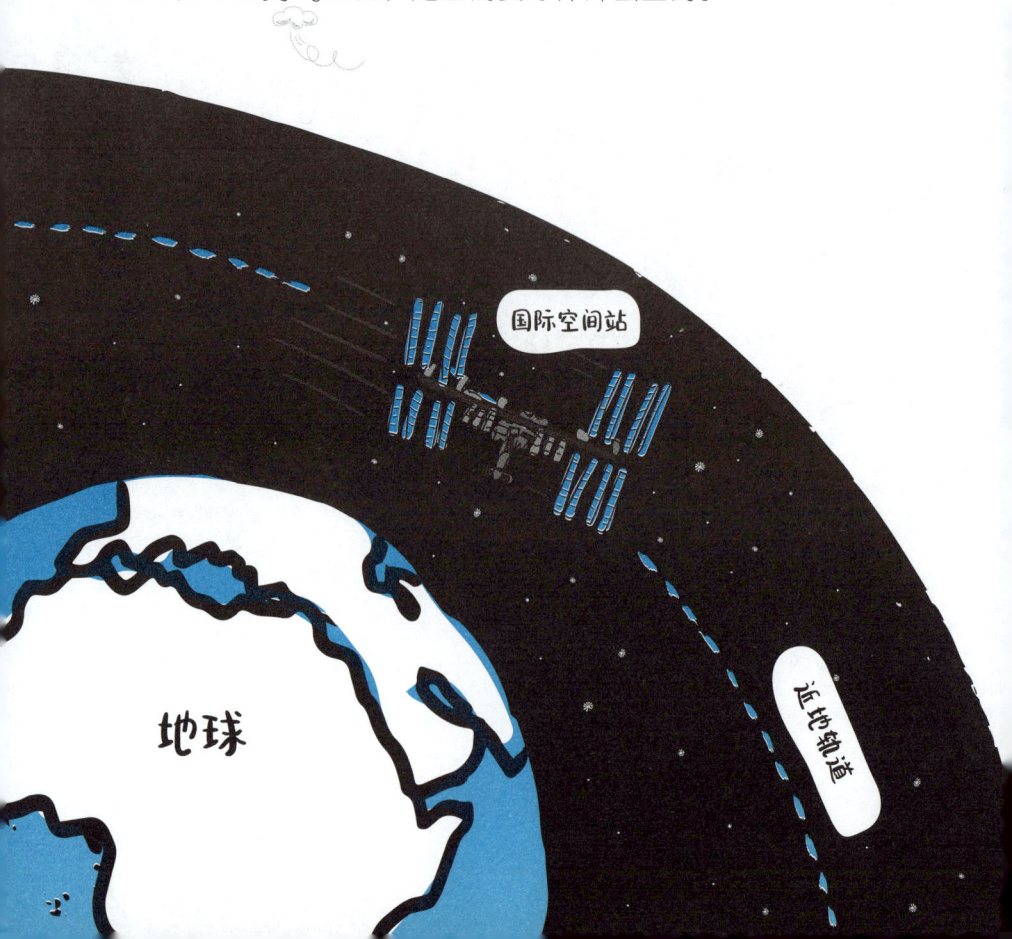

我们把不少东西发射上了太空，近地轨道是这些人造天体密度最集中的一部分 区域 。从国际空间站的轨道（距离地面约400千米）到最远的轨道（距离地面约36000千米），有超过4000枚卫星飘浮其中，不过目前仍在运作中的，估计只剩下 **1/3** 了。

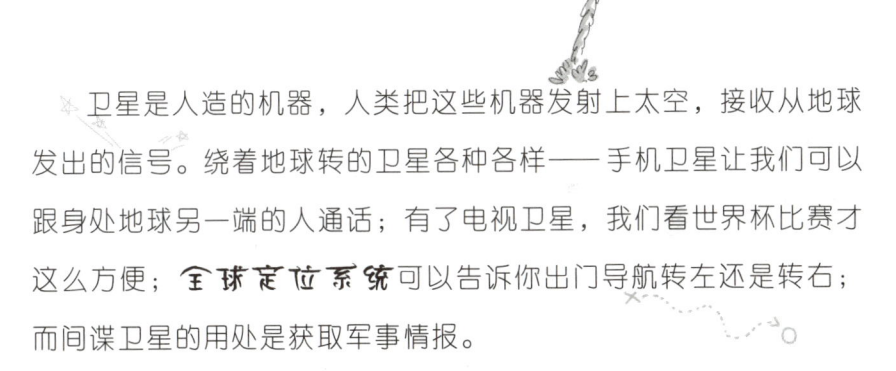

卫星是人造的机器，人类把这些机器发射上太空，接收从地球发出的信号。绕着地球转的卫星各种各样——手机卫星让我们可以跟身处地球另一端的人通话；有了电视卫星，我们看世界杯比赛才这么方便；全球定位系统可以告诉你出门导航转左还是转右；而间谍卫星的用处是获取军事情报。

现在想想，我们每天都在**不知不觉**中使用着这些人造天体，感觉理所当然，其实也是挺神奇的。下一次通过卫星直播看足球赛时，想想可怜的评论员，他们得在**卫星**上给你做直播，有多辛苦。

← 间谍卫星

这当然不是真的啦！但我相信，如果你**绷着**一张正儿八经的脸跟别人这么说，那么还是会有人相信的。不信可以跟你爸爸说说看。

哈勃望远镜

如果你晃着我的胳膊硬要我选一个**最喜欢**的人造卫星，那么我会选择哈勃太空望远镜。那是一个**望远镜**……在太空中使用的望远镜！

厉害吧！

哈勃望远镜可不是普通的望远镜，它是人类历史上**最伟大**的科学发明之一！

哈勃望远镜的厉害之处在于它能在地球大气层外拍下太空的照片。生物要在地球上生存、呼吸，大气层是**非常重要**的存在，但要说到拍下清晰的星空照片，大气层简直就是一道恼人的屏障。抬头仰望星空，有没有发现天上的星星看起来一闪一闪的？那是因为大气层在碍事！想要哄天文学家睡觉？千万别对着天文学家唱"一闪一闪亮晶晶"。他们可讨厌那种一闪一闪的感觉了！这首歌只会让他们火气直冒，彻夜难眠。

> 我可是人类历史上最**伟大**的发明之一呢！

> 我是哈勃，就是这么非凡。

一闪一闪亮晶晶……

1990年，哈勃望远镜**成功发射升空**，成为人类第一台发射上太空的太空光学望远镜。全人类都翘首以盼着第一张清晰的银河系和宇宙景观照，然而，哈勃望远镜从太空传送回地球的照片并没有想象中那么清晰。虽然的确比地球上的天文望远镜拍下来的要清晰一点，可看起来仿佛哈勃在托着相机按快门时被谁**撞**了一下手肘似的。哈勃望远镜当然不可能有手肘了，所以天文学家马上就排除了这个可能性。经过一番详细检测，他们终于**发现**，原来是望远镜里的一块镜片，其形状有那么一点点**误差**。这可尴尬了，因为整个望远镜造价可是高达15亿美元的呀！

哈！

哈哈！

不少人认为，哈勃望远镜根本就是个**灾难**。一时之间，它成了业界的一个笑话，但在1993年，NASA派人上太空把它修好了。整个维修过程，宇航员执行了5次太空漫步任务——从安全的宇宙飞船迈进空旷无垠、充满未知危险的太空，但他们**成功了**！自那以后，哈勃望远镜不仅拍下了无数清晰无比、绚丽美妙的太空照片，而且也带来了各种各样**神奇的宇宙发现**。

通过哈勃望远镜收集到的信息帮助科学家估算出宇宙的年龄（约**138亿**年），发现了宇宙**膨胀速度**在加快，而非原本所以为的放缓。感谢哈勃望远镜，感谢通过哈勃望远镜收集数据进行研究的天文学家，是他们帮助我们对宇宙有了前所未有的了解。

爱德文·哈勃——一个聪明绝顶之人

美国有一位聪明绝顶的天文学家，名叫爱德文·哈勃。哈勃天文望远镜正是为了纪念他而命名的。他证明了夜空中模模糊糊的一片片亮光，其实是一个个璀璨遥远的恒星系。他证明了宇宙比人类之前所想的要**大**得多。另外，他还证明了宇宙仍在膨胀——持续向外扩张（这问题我们稍后再细说）。他就在地球上透过一个模糊的天文望远镜观察遥远的星空，发现了刚才所说的所有宇宙秘密。要是哈勃望远镜升空的时候他仍在世，谁知道他还会发现什么惊天大秘密！况且哈勃望远镜是以他的姓来命名的。说到使用哈勃望远镜的第一人，若他尚在人世，则绝对非他莫属了。

月球

距离地球384400千米——1.3光秒……

哇！这"光秒"是怎么回事？若距离非常遥远，例如，当我们说到宇宙里天体间的距离，还是用短一点的数字来计算比较好。你总不想数着来对比342千米，817千米，693千米，124千米，867千米，924千米，586千米，794千米，679千米和327千米，872千米，341千米，768千米，123千米，467千米哪个比较远吧，所以，我们就以光速作为计算单位进行对比吧。光是宇宙里运动速度最快的东西，而且光速在宇宙里传递的速度是恒定不变的，可以说是一个非常标准的度量单位了。我们前面说宇航员从地球飞抵月球花了两天多一点的时间，可若是以光速来论，则只需要1光秒。

月球是人类在太空中到过的最远的地方，而且也不是经常都有人能上去，最近也没有登月的举动。至今，只有12名宇航员曾在月球上行走过。他们的**脚印**依然留在月球表面——月球上不刮风、不下雨（更没有吸尘器），脚印自然就留在上面了。

月球本身就是地球的一部分。科学家认为，大约在45亿年前，有一块巨大的天体（大概有火星那么大，这可比任何彗星或者小行星都大了）与地球相撞。当时地球还很年轻，大概只有2000万年的历史，在宇宙中，还只是个**青少年**（说不定是因为它唱得太开心

我赢了！过几天见！

了，其他星球被它烦得不行，就朝它扔东西，让其闭嘴，巨大的天体把地球撞出来不少碎片。最终，这些碎片又聚集到一起，形成了月球。

地球的引力让月球保持在固定轨道上——而月球的引力也吸引着地球。每天两次潮涨潮落，正是地球和月球相互作用的体现。月球的引力把地球上的海水往它的方向吸，形成距离月球最近的地方出现涨潮的局面。与此同时，地球的另一端因为距离月球最远，受其引力影响最小，也会出现涨潮。再加上地球一直在自转，于是每天就出现两次潮涨潮落了。

不过导致海水潮涨潮落的**能量**也是有代价的，即地球的自转速度逐渐放慢。与此同时，地球把月球越推越远。你我在有生之年当然不会有所察觉，但随着时间推移，这难以察觉的时间差就会累积起来。在地球和月球形成之初（大概45亿年前），一天的时长比现在短得多，大概只有4小时。月球帮我们放慢了地球自转的脚步，让地球优哉游哉地转一圈花上**24小时**，不然，我们就得周日晚上上床睡觉，到周二才醒来，周三才能放学回家，等到做好功课上床睡觉，都周四了呢。

月球与地球渐行渐远，还会导致一个自然奇观的消失。太阳的直径是月球的400倍，但太阳与地球的距离也是月球与地球距离的400倍。这就意味着我们（现在还生活在地球上的人）偶尔会看到月全食的奇观——月球在太阳正前方经过，彻底将太阳遮挡。月全食罕见且壮观。但如果你是一只鸟，那你就会出现时间混乱了。鸟儿会以为夜幕降临，所以会停止放声歌唱，马上回巢。世界瞬间安静了下来，而这份宁静，却被兴奋得手舞足蹈的人类打破（人类知道这到底是怎么回事……他们应该是知道的），然而，2分钟后，月全食结束，人类安静下来了，而鸟儿则又起床了。随着月亮与地球距离的拉大，月全食的现象也将永远消失。人类为之惋惜，鸟儿为之庆幸。

月球是地球唯一一颗天然的卫星，每27.3天就能绕地球转一圈，同时，月亮自转一天的时间同样也是27.3天，所以我们永远只会看到月球的一面。跟太阳不一样，月球本身并不发光——它是将太阳的光线反射到地球上，仿佛一面巨大的、不太明亮的镜子。从地球看过去，月球的形状大小取决于太阳照射到月球上光线的多少。

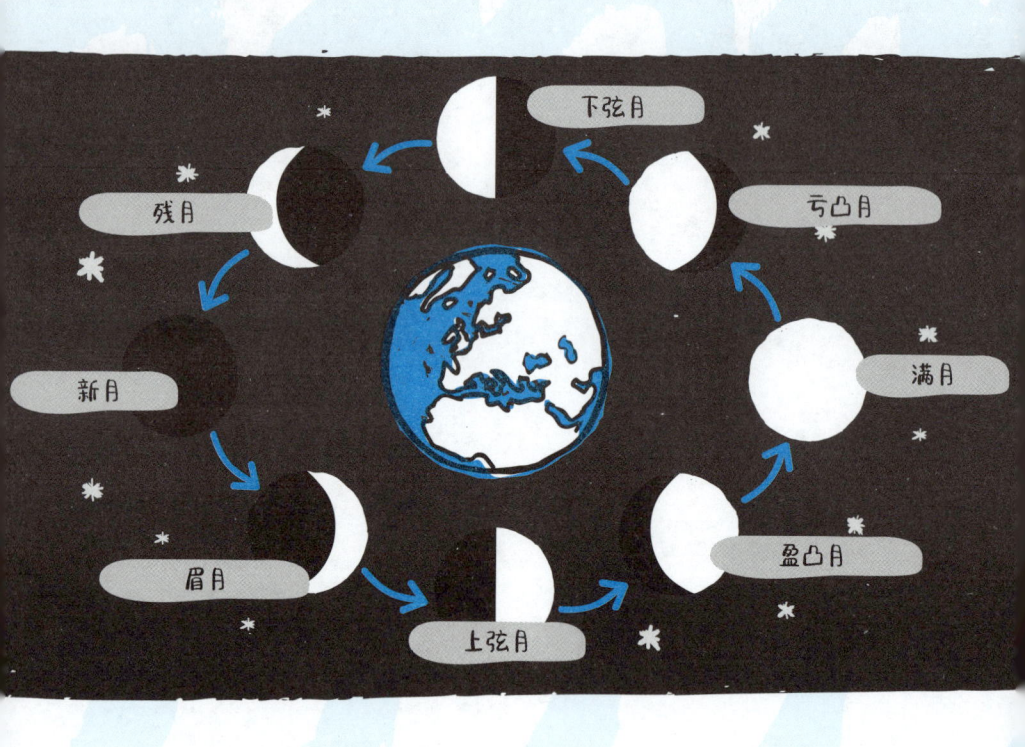

下弦月
亏凸月
满月
盈凸月
上弦月
眉月
新月
残月

南半球月球的变化周期和这个刚好相反

月球有意思的地方还真不少，可尽管如此，人类自1972年便没再登陆过月球了。现在科学家都是将**航天器**发送上太空为我们执行观察勘探任务，要么就是在轨道上运行的轨道器，要么就是光听名字就让人感觉气势汹汹的"撞击机"（探测器），因为这类航天器是直接**撞击**到天体表面着陆的。不过自1972年以后，太空可热闹了。印度、中国、日本和欧洲国家争相发射火箭，NASA的月球勘测轨道飞行器拍下了人类登月地点的照片（连月球上那著名的人类登月脚印都拍下了）。另外，NASA还把美国天文学家尤金·舒梅克的部分骨灰放进月球勘探者号中，因此，尤金成了人类历史上第一个安葬在月球上的人——起码是一部分被安葬在月球上。

不过，人类探索月球**最辉煌**的时代，应该是在50年前……

不是真的在上面立了个墓碑。

尤金·舒梅克

太空竞赛

好小子！20世纪60年代，人类想登月想疯了！当时的苏联和美国可恨死对方了，但他们并不想开战，因为世界各国刚从吞噬了7000万条性命的第二次世界大战的炮火中挣脱出来。再加上两国都有**核武器**，一旦**开战**动用核武，数秒内便能杀戮数以百万计的无辜平民。打仗，绝对是两国相争的下下之策，所以，苏美两国换了个方式**较量**，看谁能研发最厉害的大规模杀伤性武器，看谁画货更多，尽管它们并没打算把这些武器派上用场。历史上称这次较劲为"**冷战**"。相当于小孩子在操场上插着腰指着对方鼻子互相叫嚣着："**我哥比你哥厉害！**"只不过换了个国际舞台而已。

谢天谢地，这两大国最终将目光投向了**太空**。1955年，美国宣布他们将在1958年往太空发射一枚火箭。苏联的反应是："哦？是吗？我们会抢在你们之前实现这壮举的。"当然了，他们是用俄语说的，语气相当慷慨激昂，而苏联也的确**赢**得了第一回合，即在1957年10月4日将人类第一枚人造卫星（史普尼克1号）成功发射升空。史普尼克1号就只有一个**沙滩球**那么大，但要真在海

我囤的暂时用不上的核武器比你囤的要多得多！

边扔着玩可不好玩——它的**重量**跟一个成年男子差不多，而且四根长长的天线也很碍事。

史普尼克号：扎手

第一个成功实现登月的国家也是苏联。1959年9月，苏联成功让月球2号探测器在月球地表"**撞击**"着陆。次月，月球3号拍下了人类有史以来首张月球背面的照片，那可是人类肉眼从没见到过的月球的另一面！

在人类登月的壮举上，苏联同样比美国捷足先登——尤里·加加林在1961年4月12日成功在太空轨道上绕地球飞行一周。他之所以在严苛的太空训练中脱颖而出，不仅因为他开飞机**技术了得**，更因为他体型相对较小，可以坐进去窄小的太空船座舱——他身高是1.57米。

尤里·加加林：小个头

个人的一小步

美国人当然也不甘落后于人，一直向登月的目标做着各种尝试。1958—1988年，苏美两国执行了70多次与月球相关的太空任务。世界各国都在津津有味地看着这**两大巨头**争先夺后地轮流发射航天器，到1970年之前，几乎每个月都有航天器发射升空。

尽管美国在1964年才首次成功让探测器在月球着陆，比苏联宇航员晚了5年，但后来，美国逐渐在这次**太空竞赛**中领先。到1967年，美国不但成功发射了5枚绕月飞行的轨道器，还让首个**无人探月器**登陆月球。尽管苏联在1968年成功将两只草龟送上太空绕月球飞行并成功接返地球，之后却因接二连三的载人航天器**升空事故**而使进展受阻。3个月后，美国宇航员乘坐阿波罗8号，成功完成绕月飞行任务。美国人要迎头赶上了。

1969年5月，阿波罗10号进行了最后一次演习飞行。这次飞行不但绕月，还下降到距离月球表面仅16千米的高度，然后便**成功返航**。说到这里，我想到了阿波罗10号的指挥官托马斯·P.斯坦福德。在那次航天任务中，和他一起的还有另外两名宇航员——执行了阿波罗16号任务的约翰·杨和执行了阿波罗17号任务的尤金·塞尔南——他们都在阿波罗10号任务之后再次执行任务，并成功登月。只有托马斯，月球近在咫尺了，却只能返航，没能正式登陆月球。尽管起步慢，但最终赢得太空竞赛的——人类成功登月——还是美国。所有演习结束，1969年7月21日，阿波罗11号成功着陆月球表面。**尼尔·阿姆斯特朗**成为踏足地球以外天体的第一人。在他踏上月球表面的时候，他说道：

近在眼前了！

"这是人的一小步,却是人类一大步。"

不少人说,他连句子都没能说对——应该说,"个人一小步"才对——但阿姆斯特朗却坚持说,自己说得没什么错。要我说呀,大家就别纠结这个了,看在他的**伟大成就**上往好处想吧。毕竟他可是第一个登陆月球的人。谁知道登月的时候会发生什么事呢?说不定他一脚踩下去地面就砰的一声**爆开**了呢;说不定月球就是一个**奶酪球**呢;还说不定那是有着残忍幽默感的外星人设下的诱杀陷阱呢。但幸运的是,月球跟我们预计的一样,是一个巨大空旷的星球,到处都**布满灰尘**,随处可见**坑坑洼洼**的岩石坑洞。紧跟着尼尔·阿姆斯特朗踏上月球表面的是与他一同执行任务的宇航员巴兹·奥尔德林。他形容月球是一片"雄伟壮丽的荒凉"。

两人在月球表面弹跳了好几个小时，给对方拍下了纪念照片，完成了一系列实验，并将美国国旗插在月球表面——就为了刺激苏联，告诉苏联，他们抢先一步。他们甚至还在月球上睡了一觉，但尼尔·阿姆斯特朗却说，在那上面很难入睡，因为地球反射的光线**太亮了**——地球将太阳的光线反射到月球上，正如月球将太阳光线反射到地球上。其实阿波罗11号上还有一名宇航员，他叫迈克尔·柯林斯。他并没有机会亲自踏上月球表面，因为他得驾驶着阿波罗11号绕着月球一圈又一圈地飞，直到另外两名宇航员把该做的都做了，准备好回家。听着是不是很像因为找不到**停车场**而满心不耐烦的家长？

但在他们准备从月球上起飞返回**宇宙飞船**时，却遇到一个问题。其实巴兹在为月球漫步做准备时就发现登月舱控制板上的一个开关掉了下来。若没有了这个开关，则无法启动引擎，那他们便会被永远搁在月球上。他们通过无线电与**地面控制中心**商量应对措施，而地面控制中心的人却告诉他们，中心会寻找解决方案的，还让他们先睡一觉再说。这或许是尼尔·阿姆斯特朗睡不好的另一个原因吧。一觉起来，美国宇航局还是没有找到解决方案。巴兹·奥尔德林只能自己想法子了。最后，他从衣服里拿出一根签字笔，将笔插进开关，居然还真的成功让引擎启动了！于是他们得以再次和科林斯会合。两天后，阿波罗11号载着他们成功返回地球（巴兹一直保留着那支签字笔，还有那个掉落的开关）。

当阿波罗11号的成员抵达**地球**时,他们被**隔离了3**周,因为地面控制中心担心他们从**月球**上带回了什么不知名的病毒或疾病。

你们染病了!

他们可以与时任美国总统尼克松会面,却不能与总统握手,因为他们被隔离在一个经过特殊改造的**旅居车**里。

不过,将宇航员隔离起来显然就是在浪费时间——他们在旅居车里看到一排蚂蚁,既然蚂蚁能进来,那么月球上的**病毒**也就肯定能出去了,况且月球上也没什么病毒。

所以,概括来说,经过多年的努力,往返耗时8天时间,他们在月球表面待了2.5个小时。

自那之后，美国宇航员还执行了5次阿波罗登月任务，在月球上驻留的时间一次比一次长。他们在月球上开越野车，打高尔夫球，采集月球的岩石标本带回地球，还拍下了很多照片。可到了阿波罗18号，登月项目因为美国宇航局的任务经费被削减而暂停。阿波罗18号、19号和20号的任务被取消。自此，美国再没安排过人类登月任务。

尽管终极目标已经被美国人抢先一步实现，而且从那之后苏联还执行了好几次无人机登月任务，从月球采集回岩石标本。1976年，他们执行最后一次任务后，从此便再没有以任何形式登月。

那我们还会再到月球上去吗？不必因为50年前**太空竞赛**的结果而灰心。人类似乎又准备好展开另一场太空竞赛了！这一次，正好让你赶上了呢。到2025年你是几岁？很多国家都说了，他们计划在**2025年**再次执行人类登月任务，美国则希望能在2023年将一个载人轨道器发射升空，甚至俄罗斯也说了，计划在2030年之前再次启动太空计划。

这一次，太空竞赛不仅仅是国与国之间的游戏了。任何成功将**机器人**发射升空并且登陆月球表面，在月球上行驶500码（约457米），并拍下照片传回地面的人，都能获得**2000万美元**大奖。下一章我们就可以看看机器人怎样拍下比宇航员看到的更清晰的太空照片。

说到底，登陆月球后，你将会看到一片"雄伟壮丽的荒凉"。当然了，月球上现在还有阿波罗计划的宇航员留在太空的垃圾。下一批登月的宇航员会在月球上看到6面美国国旗、一张家庭照片、12双太空靴，还有剃须刀、刮胡膏的管子和3个高尔夫球，以及大概100包人类呕吐物和屎尿。

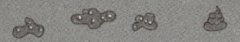

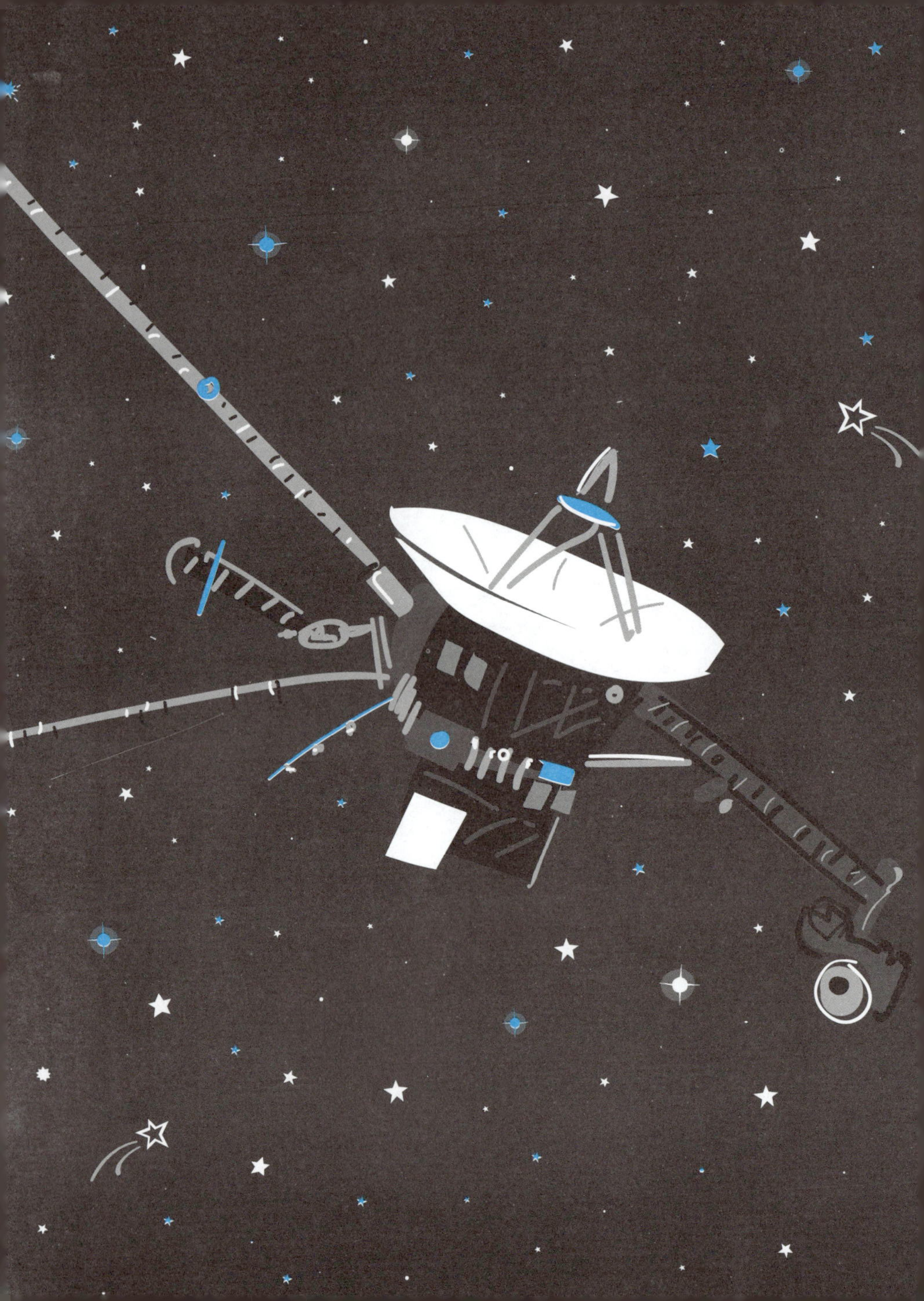

我们能把东西发射到多远的太空

就目前来说，**宇航员**能抵达的目的地是有距离限制的。目前还没有人类去到比月球更远的地方，而他们可能永远无法抵达比月球更远的地方，这是有原因的。首先是距离，阿波罗计划的宇航员花上3天就能抵达月球，这跟花上8个月才能抵达火星，绝不可同日而语；其次，你还得设**营地**，四处转转，采集些岩石标本，再花上8个月返回地球。如此算下来，要好好参观火星一次，往返起码得花上**1年半**。

我们把宇航员送上国际空间站，让他们在那里待上超过一年，但要是他们出现食物短缺，好歹我们也能发射一枚火箭，把一些新鲜的面包和巧克力给他们捎过去。毕竟他们距离地面只有400千米远。

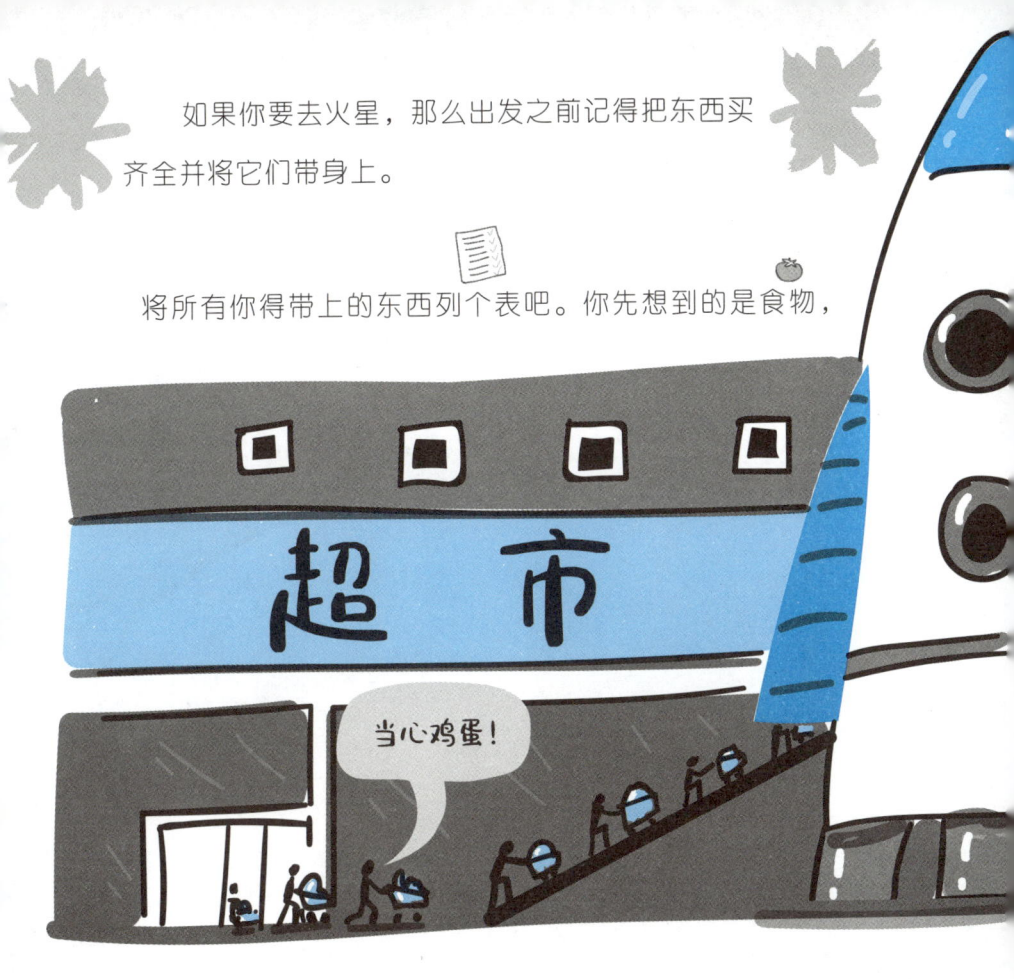

如果你要去火星,那么出发之前记得把东西买齐全并将它们带身上。

将所有你得带上的东西列个表吧。你先想到的是食物,

当心鸡蛋!

对吗?每个人先想到的都是食物。那我们先来准备两年的餐单好了,那一包包航空食品,也就是人们平常说的"**太空食品**",你得多带一些,毕竟你每天得运动俩小时,别饿着了,但两年没有新鲜蔬果,时间太长了。要是能在路途上栽种一些自给自足就好了,但那已经被证实是一项相当困难的挑战。

人类上太空已经有超过50年的历史了，直到最近才学会如何在太空上栽种植物。**2015年**，国际空间站上的宇航员才吃上了他们在太空站上种的几片生菜叶。现在他们打算尝试种番茄和胡椒。说不定什么时候，他们就能吃上沙拉了。

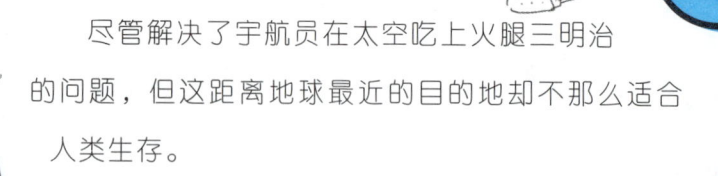

尽管解决了宇航员在太空吃上火腿三明治的问题，但这距离地球最近的目的地却不那么适合人类生存。

太阳系里除了地球外还有七大行星。大部分行星上极为寒冷，有的像火炉一样炙热，有的既**冰冷难耐**又**炙热难当**，还有的行星上面下着**硫酸雨**，宇宙飞船还没降落就被融化了。大部分都能轻而易举地将准备降落的航天器压垮，仿佛**踩扁**一个易拉罐那么轻松。另外，你也无法在这些行星上呼吸。

但没关系！我们可是探险家呀！记得不？我们希望去探索那些充满未知的地方，尽管那里**漫天毒气**，气压高得惊人，根本不适合人类生存。我们可是人类，人类可是充满着好奇心的！太阳系好比我们的后花园，我们爱在那里怎么玩就怎么玩！那我们这些机智的人类到底有什么好法子呢？

机器人能替我们探索人类生理上无法前往，也无法存活的地方，像充满了有毒气体、下着硫酸雨，压强大得让人窒息的金星和木星。无人探测器可以探索那些由于距离太遥远而人类无法前往的地方——毕竟太空探测器不会衰老，不会感到寒冷或口渴，也不会有思乡病，还有，它们也不会抱怨日复一日、年复一年毫无新意的菜单。

当年，史普尼克1号绕地飞行**3个月后**能源耗尽。自那以后，技术有了**极大发展**。现在的机器一旦成功升空，便数十年如一日向

算了，不吃了，反正我不饿。

地球传输数据和照片——如果我们也能在地面进行遥控，那么就能看到它们所看到的，也能告诉它们去哪儿和做什么。

得花上 **5年** 时间抵达另一颗遥远的行星，只为了在以每小时56000千米的速度掠过某个地点时拍几张照片？太空探测器完全不介意。要是让你用假期的时间坐12小时飞机，听到爸爸突然大喊 **"看！那是我们订的酒店"** 时，拿起相机透过玻璃窗拍张照片便算

> 让它再抬起前面的**轮子**走两步。

完事，继续飞往下一站，是不是光想象一下就已经让人觉得生气了。大部分太空探索差不多就这样。睡好几年，拍几张照片，传回地球就继续飞。有时候，路途真的非常遥远，比如，旅行者2号，都飞 **40年** 了，依然在路上呢。

来吧，一起为那些被派遣到太阳系的机器人、太空探测器和无人驾驶宇宙飞船欢呼吧。为聪明的人类**鼓掌**吧，他们建造的**机器**把我们带到一个又一个小行星上，他们往火星或彗星放了个遥控车，每小时能跑135000公里。那我们就跟着他们一起出发，看看在地球的后院能发现什么新奇好玩的。

> 人类——一点耐力都没有。

太阳系

有没有试过这样写地址?

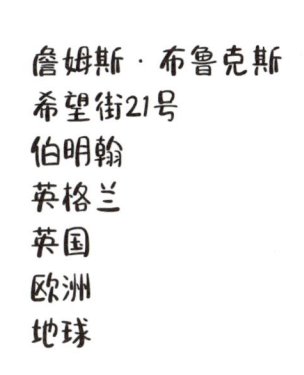

詹姆斯·布鲁克斯
希望街21号
伯明翰
英格兰
英国
欧洲
地球

如果你试过,那应该在最后再多加一行:

太阳系

太阳、绕太阳公转的八颗行星、绕行星公转的大量卫星,以及在太阳系边缘伺机冲过来的小行星和彗星,共同组成了太阳系。

在我们探索太阳系之前,先来了解一下一些能帮助你理解的定义。有一些我们认为理所当然的概念,其实对每个行星来说是不一样的。比如,"年"这个字的定义。从你能收到很多礼物,还有一个生日蛋糕摆你面前让你吹蜡烛的那一天起,到下一次你收到很多礼物还有一个生日蛋糕之间这段无敌漫长的时间,称为"一年",而每次早上开开心心刷牙之间相隔的时间,称为"一天"。虽然睡觉并没有吃糖果,但是每天早上还是要刷牙的。

其实,对年和天,有着更技术性的定义。

行星绕太阳公转一圈所需的时间,为一年。与此同时,行星也在自转,而它们自转一圈所需的时间,则为一天。

地球绕太阳公转一周需要365.25天，即一年。

地球自转只需要24小时，即一天。

距离太阳越远，行星公转轨迹越长，一年的时间也越长。而一天则是有长有短，但一般与地球的一天不会相差太远，除了有一个行星比较奇怪以外。咱们一起来看看你到底搞懂了没有。

这里有一幅太阳系的图，也是我们的家园，但这不是按照实际比例画出来的。要真按照实际比例画，那么光是太阳就占了整整两页，而地球则像句号这么丁点儿，位置得标到街头巷尾了。我们来看看这八大行星的天和年，以及那些可以瞬间要了你命的有趣的事。

太阳：极其炽热。

水星：体积小。一边极热，一边极冷。看起来不算漂亮。如果要登陆水星，那么就肯定会撞到太阳上。翻回之前的内容看看，就知道为什么撞太阳上绝对不是件好事了。
一年：88个地球日。一天：59个地球日。卫星：无。

金星：漂亮，却致命。金星温度极高，是八大行星里温度最高的，加上常年下着硫酸雨，环境极度恶劣。跟其他行星（包括地球！）不一样，金星自转的方向跟绕太阳公转的方向不一致。
一年：225个地球日。一天：243个地球日——等等，你说什么来着？一天居然比一年时间还长！在金星上，每天可以过生日这一点，大概就是最棒的事了吧！卫星：无。

地球：我们的家园。
一年：365.25个地球日。一天：23小时56分4秒。卫星：1个。

火星：红色星球。这颗星球是太阳系里跟地球最像的行星。但那里没有氧气，所以，别深呼吸。
一年：687个地球日。一天：24小时37分。卫星：2个。

海王星：蔚蓝的星球。冷到极点！至少得裹上两条围巾和一顶毡帽才够呢。
一年：165个地球年。**一天**：16小时7分。
卫星：已确定的有14颗，其中有一颗非常暗，还有一颗待确定。

天王星：寒冷、风大又孤独的星球。它自转的方向非常特别，看着就像是在轨道上滚着前进。
一年：84个地球年。**一天**：17小时54分。**卫星**：27个。

土星：美丽迷人的土星环。但别想着登陆土星。
一年：29.5个地球年。**一天**：10小时33分。**卫星**：53颗已确认，另外还有9颗待确认。

木星：体积巨大。木星上风起云涌，在你能抵达木星中心之前，早就被气压压成一块薄饼了。
一年：12个地球年。**一天**：9小时50分。**卫星**：多达67颗，甚至更多（可真贪心）。

为什么行星不会撞到太阳？

问得好！感谢提问。正如我们看到国际空间站绕着地球转一样，行星持续做**自由落体运动**，向下落的同时也往旁边运动，就像博物馆里那个绕着中间小洞螺旋运动的钱币一样，虽然我不知道它叫什么名字（反正没人能记住那个展品的名字）。

一切还是跟**引力**有关的。太阳质量非常**巨大**，而这巨大的质量在太空里制造了一个**有弧度的凹痕**。行星绕太阳公转，就像国际空间站和月球绕地球公转。这是好事，尤其对我们人类而言。太阳可以说是人类之所以存在的重要原因。

太阳

光线从太阳照射到地球，需要大约8分钟的时间——大约1.496亿千米

太阳距离地球有8光分。在这之前我们已经提到过，光线在太空维持着匀速运动，用来计算太空天体之间大得无法想象的距离，是一个很好的**衡量标准**。这也意味着，我们在地球上看到的阳光（别直视太阳看），其实是8分钟前从**太阳**出发的光线，所以就算太阳7分钟前突然消失了，你也得再等1分钟才会知道发生了什么事，但这状况不太可能发生。当**太阳死亡**（大概得再过50亿年吧），它会将地球压得粉碎，就像一个巨大的橙黄色孩子一口吃掉了香脆的爆米花一样。但是就算太阳**燃烧殆尽**了，剩余的**能量**也足够它再照亮漆黑的太空**100万年**。

我们的恒星

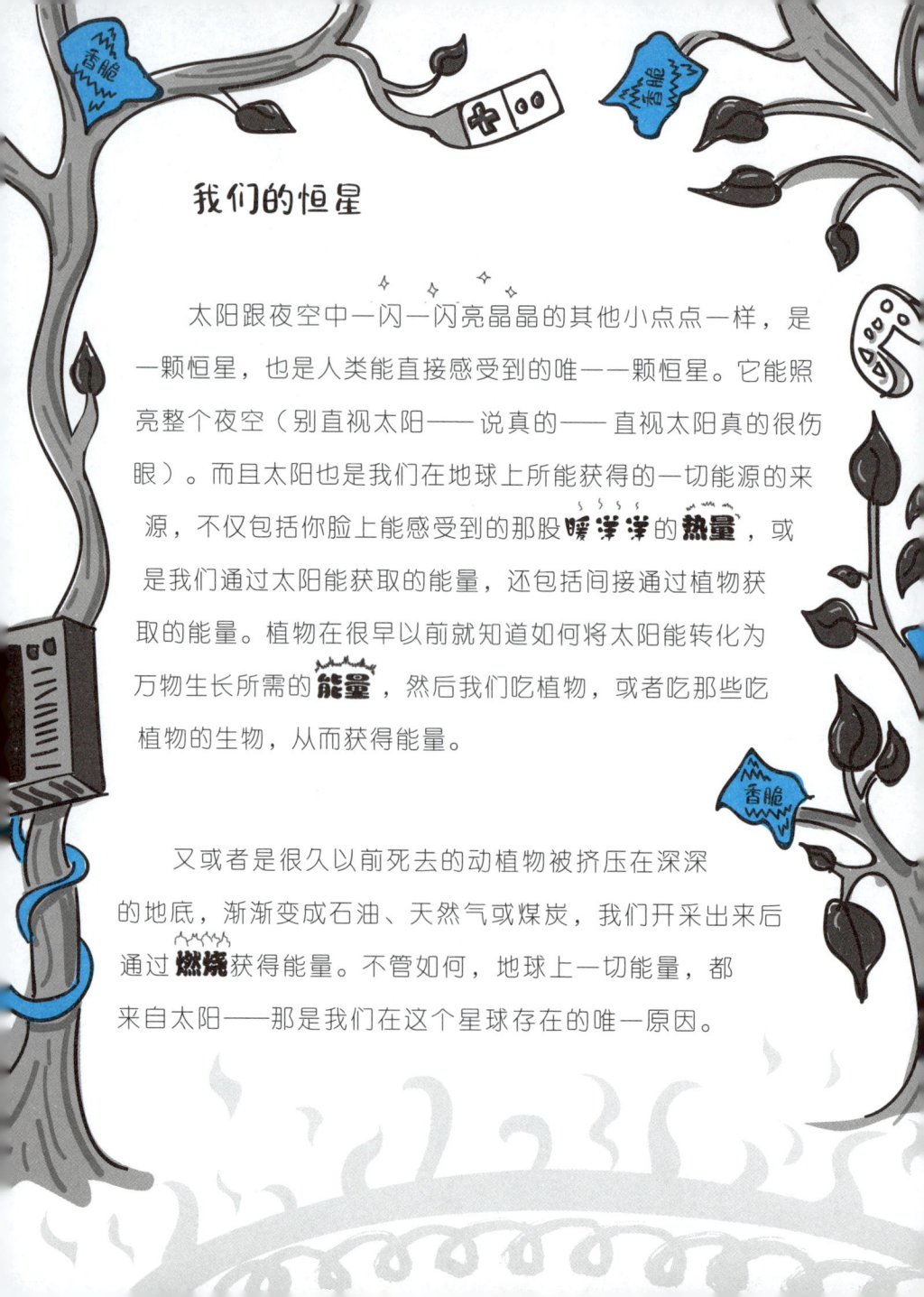

太阳跟夜空中一闪一闪亮晶晶的其他小点点一样,是一颗恒星,也是人类能直接感受到的唯一一颗恒星。它能照亮整个夜空(别直视太阳——说真的——直视太阳真的很伤眼)。而且太阳也是我们在地球上所能获得的一切能源的来源,不仅包括你脸上能感受到的那股**暖洋洋**的**热量**,或是我们通过太阳能获取的能量,还包括间接通过植物获取的能量。植物在很早以前就知道如何将太阳能转化为万物生长所需的**能量**,然后我们吃植物,或者吃那些吃植物的生物,从而获得能量。

又或者是很久以前死去的动植物被挤压在深深的地底,渐渐变成石油、天然气或煤炭,我们开采出来后通过**燃烧**获得能量。不管如何,地球上一切能量,都来自太阳——那是我们在这个星球存在的唯一原因。

如果没有能源，那么就不会有生命体。好吃的爆米花、好看的卡通片、好玩的电子游戏——我们享受的一切，都得归功于太阳，不过说真的，别直视太阳（**绝对不要直视太阳**）！

话题再回到太空上，尽管我们看上去只是一个个小点点，但你仰望星空能看到的大部分恒星，至少也跟我们的太阳一样大，有的甚至要比太阳大很多。太阳的质量和**大小**，在恒星里，只是属于平均水平而已——一颗45亿岁的橙黄色矮星。

尽管太阳作为一颗恒星，其看起来不大，但它的**实际体积**其实够大的。整个太阳系的质量总和，仅太阳就占了**99.8%**。你能往太阳里塞进去130万个地球，尽管我不懂你为什么要这么干……

这么多爆米花啊！

从地球上看过去，太阳像是一个**金灿灿**、**圆滚滚**的球体，但这并不是它的真实面貌——它其实**凹凸不平**、布满斑点，非常炙热。太阳最凉快的地方，是它的表面，但即使是太阳表面，温度也大约有5500℃。太阳核心，温度大约有1500万℃。那是一个气体燃烧的**火球**，由于质量而聚集在一起，因此超级龙卷风在太阳表面不停肆虐——太阳表面都时刻咆哮着约11000个超级龙卷风，而每个龙卷风都能一口气将整个美国吞了。仔细想想，真是太恐怖了。

现在你知道为什么我们从来不往太阳发射航天器，去执行探索任务了吧——在距离还有100万英里的地方，还没来得及靠近看太阳一眼，就被烧得渣滓都没有了。

大多数航天器都是远距离对太阳进行观测的。而2018年,在名为"**太阳探测器+**"的一次任务中,抗热太空船飞到了有史以来最接近太阳的地方,与水星和太阳之间的距离相当。

说了这么久,到底什么是恒星?

一颗恒星就是一个巨大的燃烧着的**气态火球**。在太阳系诞生之前,太空里有一片庞大的**气体云**,当中有氢和氦,以及已经燃烧殆尽的恒星留下的尘埃。到了某个程度,这片**尘埃云**会崩塌,之后,因为引力,气态云的物质开始聚集,形成密度很高的球体。随着这个球体拉进去越来越多的氢,它的**旋转速度**开始加快,质量也变得**越来越重**,这个巨大的球体最终因为在上面压着的东西太多了,中间的氢原子(宇宙里最小最简单的原子)开始压缩到一起,聚变成氦(第二小的原子)。这个过程释放出大量的光和热。

一旦这个过程开始,恒星就会持续燃烧氢,聚变成氦。氢消耗殆尽后会发生什么,就取决于这颗恒星的大小了。

有些比太阳小的恒星,最后什么也没留下。

而像我们的太阳那样**体积够巨大、热量够高**的恒星,在氢消耗殆尽之后,便会进而"燃烧"氦,将氦聚变成更大一点的原子。而在氦也消耗完之后,它会留下一片**巨大的云**,里面都是新的原子。

那些体积和质量更大的恒星,温度也会更高。当氦也消耗殆尽后,它们会进一步燃烧那些更大的原子,再将这些原子聚变成更大更复杂的原子,然后,通过**大爆炸**将这些新的复杂的原子扩散到太空中去。

而这种爆炸,被称为……

超新星

超新星是宇宙中**最猛烈**的宇宙活动，发射出的光线也是最强烈的。每隔数百年，我们便能在地球上一观其盛况。那时，太空中会出现一颗**异常明亮的星星**，在天空中持续闪耀数周——虽然人类上一次凭肉眼观赏到超新星是在1604年，但用不了多久，我们就又有机会看到了。

基本上可以说，恒星就是收集宇宙最初存在的氢元素的工厂，通过不断的聚变、爆炸、聚变、爆炸，将氢变成其他各种元素。你身边所有的一切（这本书、这张桌子、你的手臂，以及你的表叔），最基本的组成成分，在恒星的内核里都有，或者说，超新星爆炸都能形成。环顾你所处的房间，你应该静下来，好好消化一下这个信息。构成你肉眼可见的一切物体的原子，都是在恒星内形成的。**恒星爆炸**，将这些原子喷射到宇宙中去，然后它们就来到你面前了。

好，我懂了。那之后呢？

好了，现在我们对那个每天绕着它转的巨大氦制造工厂有了一点了解了，那么就来看看其他行星吧。那些行星各式各样，蓝的、红的、绿的，有的有卫星，有的带环，有的有着体积小但质量大的岩石核心，外面还包裹着范围广阔的气体。最让人兴奋的是，我们能够让**太空船**近距离地观察它们，这可是一项了不起的成就！现在我们就来一起看一下第一颗行星……

水星
距离太阳3.2光分

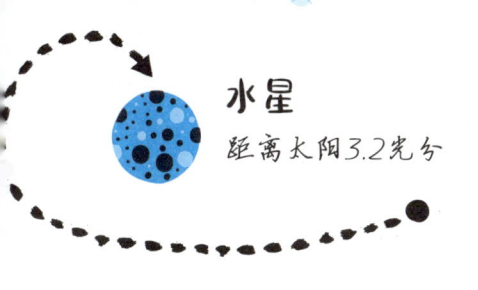

水星是太阳系里体积最小的行星,也是最接近太阳的一颗。它的体积只比月球大一点,而且跟月球一样,水星没有属于自己的**大气层**,只有从太阳吹过来的**热量**,即水星表面要么就极热(面对太阳的一面430℃),要么极冷(背对太阳的一面-180℃……估计你也能猜到了)。它是太阳系四个类地行星之一,或是说"岩石行星"。水星的组成成分中有70%是金属,所以它具有非常强烈的磁场……

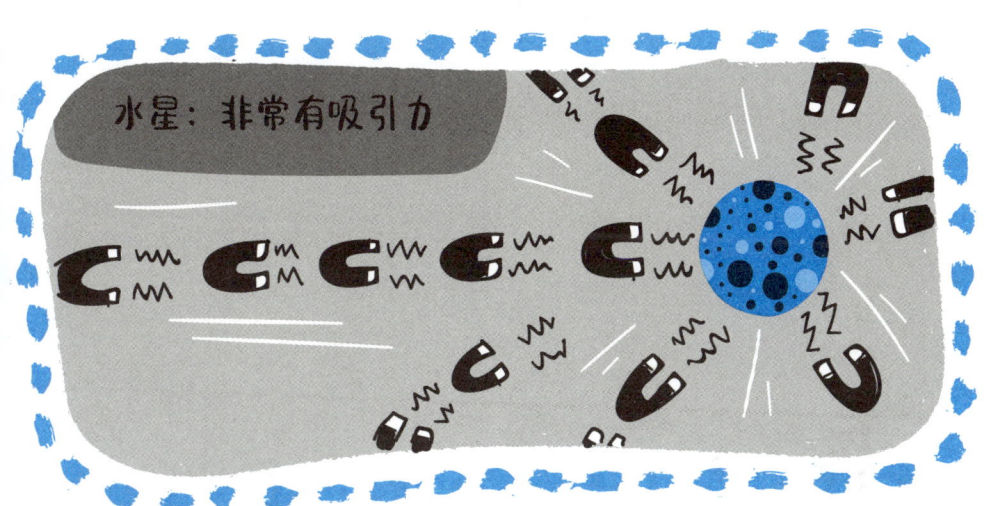

水星:非常有吸引力

水星是太阳系里绕太阳公转速度最快的行星，但一直以来，它都是**谜**一样的存在——它是人类了解最少的一颗行星。直到最近，人类对水星的了解，大部分都是基于1974年升空的水手10号探测器搜集到的数据。了解水星最大的难点在于，要登陆水星，真的不是一般的困难。还记得太阳引力制造的巨大**凹痕**吗？水星就坐落在这个凹痕很深、很深的地方，根本不是冲着它直飞过去踩刹车就能简单登陆的。你只会与太阳擦肩而过，这么一来你就知道，结局肯定不会美好。

2004年，美国宇航局为了研究水星发射了**信使号探测器**。信使号的运动轨迹非常复杂，多次绕过其他行星，利用其他行星的引力进行反复的*提速*和减速，就像人坐在秋千上，你得慢慢减速，不能一下子把秋千荡下来，不然，你懂的，人可能就*飞走了*，但如果你一点点地减速，它就能安全着陆。信使号飞越地球*1次*，飞越金星*2次*，飞越水星*3次*之后，才能顺利进入轨道。从地球升空，准确地进入轨道，到最终坠落水星，信使号飞行了6年半。

信使号成功绘制了水星表面地图，所以我们现在对水星看起来是什么样子，比以前有了更清晰的了解——灰色的球面，到处布满*火山坑*。另一枚水星探测器，有一个西班牙风情浓郁的名字——贝皮·哥伦布——一切进展顺利的话，预计2026年就能给地球传回更多详细信息了。拭目以待吧！

金星
距离太阳6光分

啊!你看金星!很美是不是?它以古罗马**爱的女神**的名字命名,在夜空中比其他任何一颗星星都要璀璨。它是那么的美丽又迷人,仿佛在说:"来我家参观呀!享受我那奶白色的让人心神安宁的光彩!"

来吧……

千万别上当。

金星的环境可恶劣了！尽管它与太阳的距离没有水星的近，**温度**却比水星高得多（尽管在夜晚，地表温度也会高达464℃！），因为它有大气层——非常厚的一层，全是有毒体，稍微接近一点也能把你**压扁**。除去大气层不谈，金星和地球其实挺像的。它的主要构成成分是岩石，与太阳的距离非常近，大小也差不多。金星上很可能曾经有过海洋，但最后全部**蒸发了**。金星跟地球一样，也有**火山**，还有飓风级别的强风和**暴雨**——只不过这雨不是水，而是能要人命的硫酸。金星当真不是什么宜居星球。

探访金星：很糟糕的主意。

金星表面压强相当于你**潜到1000米水深处**的压强，所以，第一次发射升空去执行金星探索任务的飞行器还没接近金星表面，就直接被**大气层**压扁了，并没有什么好奇怪的。后期的探索器经过改良，能给地球传回清晰的金星照片，但把宇航员送上金星，实在是一个不能再糟糕的主意了。俄罗斯曾发送气球上太空，浮在金星的大气层、**硫酸雨**和强大的气压上面。美国宇航局或许会进一步展开这项任务。他们还建议说，未来可以利用飞船把宇航员送上去。探索任务的名称叫"高海拔金星可行性概念"（High Altitude Venus Operational Concept），简称……

硫酸雨

HAVOC探索任务

（不是普通的飞船）

有毒致命气体

龙卷风

HAVOC。havoc这个英文单词的意思是"浩劫",这名字听着就让人肝儿颤。

从地球上仰望星空,金星看起来还挺光亮、挺漂亮的。夜幕降临,它通常是你能在夜空中看到的第一颗星星。当下一次爸爸妈妈看到一颗在低空的明亮的星星,感叹地说"啊!**真漂亮**!不知道那是哪颗星星"的时候,你翻完白眼,再跟他们耐心地解释说:"其实那是一颗行星,"然后,再靠近他们,用讲鬼故事的恐怖语气跟他们说:"**而且那是宇宙中最可怕的地方。**"

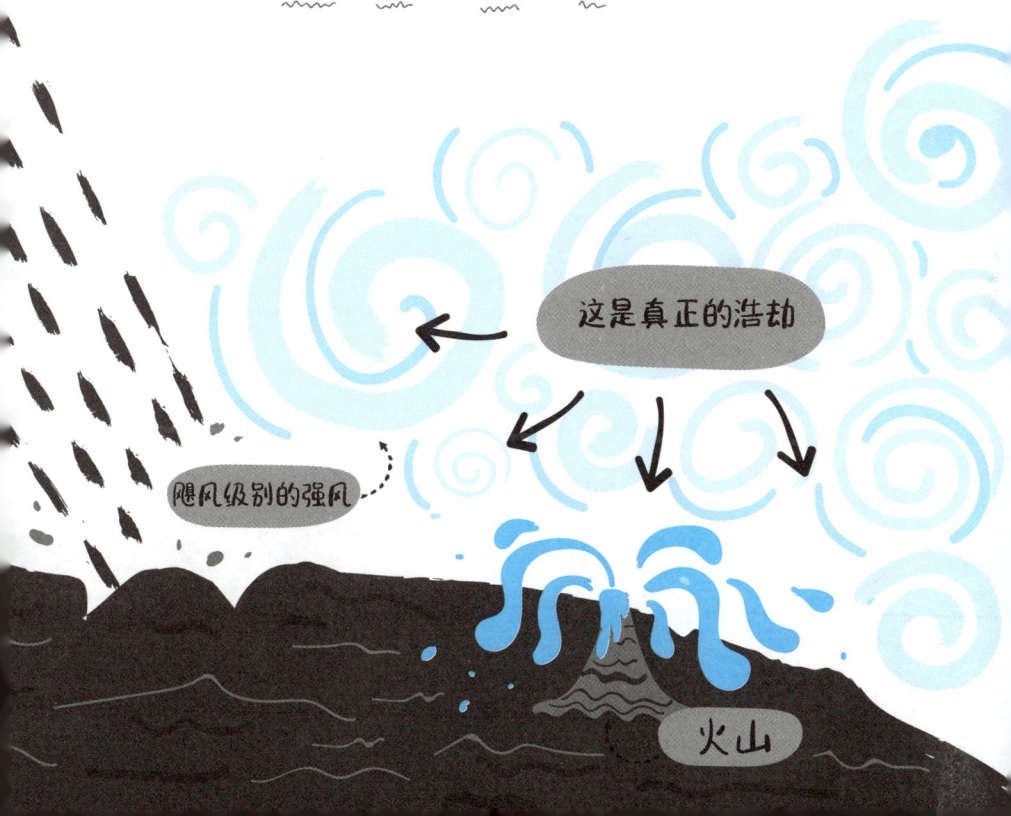

这是真正的浩劫

飓风级别的强风

火山

火星
距离太阳 12.6 光分

古罗马人从地球上仰望星空,以战神之名给火星命名,因为这个星球看着红彤彤的,带着点**怒气**,但那并不是它的错——那是土壤里的铁矿让它看起来红彤彤的,但古罗马人没有**铁锈**之神,那就管它叫"马尔斯"吧。

火星其实是太阳系中跟**地球**最相似的行星。它有大气层,有季节之分,极地有冰盖,地表上有火山,甚至还会降雪。可惜的是我们无法在火星的大气层里呼吸,而且那里比地球**冷太多了**,但这些都不能阻止一代又一代人类的梦想,我们梦想着当地球走到尽头的那天,能移居火星。

火星上有生命体吗？

实际上，直到**20世纪中期**，不少人都认为，在火星上应该已经有着某种形式的生命体存在了，所以我们才经常把外星人称为"火星人"。有科学家甚至曾经把在地面通过太空望远镜看到的火星上的那些**暗斑**，误认为是某些喜欢贡多拉的外星生物挖出来的运河，但当第一个探测器——水手4号成功飞越火星，成功地从距离火星地表**10000公里**处拍下火星表面的照片时，人们才发现，这星球不但干燥、寒冷，还是一片空荡荡的。

注：贡多拉是一种小船，威尼斯人的代步工具。

未来的居民区

但寂静冷清的事实并不能浇灭科学家发射探索器研究火星的热情。已经启动的火星任务超过40个,筹备中的更多。NASA发送到火星的**火星车**就已经有4台,看着跟娇小可爱的遥控车没什么两样。最新一台火星车(好奇号)是在2012年登陆火星的,但你没办法在火星上软着陆,最终能成功着陆的尝试只有一半。

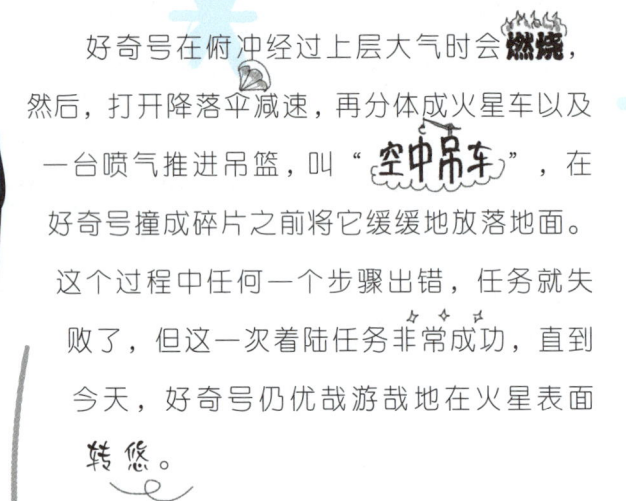

好奇号在俯冲经过上层大气时会**燃烧**,然后,打开降落伞减速,再分体成火星车以及一台喷气推进吊篮,叫"**空中吊车**",在好奇号撞成碎片之前将它缓缓地放落地面。这个过程中任何一个步骤出错,任务就失败了,但这一次着陆任务非常成功,直到今天,好奇号仍优哉游哉地在火星表面**转悠**。

好奇号里有一个实验室，里面进行着火星土壤化学成分分析，看土壤成分是否足够孕育生命：水、碳、氧、氮、硫、氢，还有磷。

好奇号火星车：
大赢家 →

科学家通过好奇号和其他在火星上执行任务的火星车收集到的数据发现，曾经的火星，比现在的要潮湿和炎热，而且现在仍有不少地下水资源，所以很可能火星上曾一度出现过生命体——说不定在**深深的地底下**，现在仍有生命体存在。

一张单程票

科学界一直在严肃计划着在未来执行人类上火星的任务。现在面临的问题就是,还没想好怎么把宇航员从火星上接回来。

还记得前面我们提到过的物资清单吗?我们忘记把燃料加进去了。从火星到地球的回程,想要从火星上起飞,要么你从地球出发的时候就应该带上**足够的燃料**,但这样太空船就太重了,根本无法起飞;要么你就在火星上自己制造燃料,但至今还没有人知道该怎么做,不过还真有人根本不介意回程的问题——不少人在尚没有回程票的旅行单上签了名。**人类真是疯了**,他们的好奇心和冒险精神也太疯狂了!

在火星上生活倒是有它的迷人之处。你可以在火星上进行各种极限运动,比如,滑沙和**低重力弹跳**——火星上的地心引力大约只有地球的1/3，所以用同样的力度，你能跳出2倍多的高度，仿佛住在一个**巨大**的红色弹跳堡一样，而且你还有大把时间做其他事。火星上的一天只比地球上的一天多一点而已，但火星上的一年却是地球上的**687天**，所以第一批火星定居者可以用自己的名字来给新的月份命名了。如果这也不足以吸引你上火星，我真不知道还有什么对你有足够的吸引力了。

我要把这个月命名为"鲍勃月"。

火星还有两颗卫星，分别是火卫一"福波斯"和火卫二"得摩斯"。这两颗卫星都非常小，以至于你站在它们上面把东西一扔，就扔到太空去了。得摩斯只有15千米长，如果你在得摩斯上跳一下，用力一点的话，或许，只是或许，你能直接跳进太空去，但一旦你跳到太空里，何去何从就成问题了。

小行星带

距离太阳16~25光分

离开火星后,我们来到小行星带。小行星带距离太阳16~25光分。这个距离取决于光线从小行星带距离太阳最近的地方出发,还是距离最远的地方出发。小行星带的范围非常广。在火星和木星之间绕着太阳公转的数以百万颗巨大的**石块**和**冰块**,统称为小行星。我们认为,福波斯和得摩斯原本就是小行星带里的小行星,被火星的引力牵引了过去绕着火星公转。小行星不是行星,但它们的体积也可以非常巨大——宽度可在10千米到1000千米之间。其中一颗小行星,谷神星,甚至被定义为"矮行星",差一点就够资格成为真正的行星了。小行星高度密集的区域,称为"**小行星带**"。

小行星的孤独生活

科幻电影时不时就会有这样的画面：宇宙飞船穿越小行星带时面对迎面飞来的岩石左闪右避。电影里很多场景虽然有趣，但在现实里是**不存在的**。事实上，小行星相互之间的距离很遥远，就像地球与月亮之间的距离那么远。要是这样都能被你**撞**上，要么就是你运气

当心！三天后还会再来一颗！

背到不行，要么就是你的方向盘很调皮。

虽然我们不太可能主动**撞**上小行星，但小行星有时候却会撞过来。有时候小行星会弹出来——通常都是被木星引力一脚踢了出

来，接着开始了它在太阳系里的旅程。它们与地球撞上的概率，大概每1200年有一次吧。2013年，有一颗**直径为45米**的小行星与地球擦肩而过，十分危险。万一真与地球撞上了，威力相当于数百颗原子弹同时爆炸产生的威力。科学家们猜测，让恐龙从地球上灭绝的，正是一颗小行星。但愿历史不要重演，人类不会遭遇相同噩运吧……

恐龙之死

非理想状态

小行星带里有9颗巨大的小行星——它们的体积大得人们都以为它们是行星了。它们都拥有自己的名字：健神星、虹神星、义神星、智神星、韶神星、颖神星、花神星、婚神星和灶神星。另外，还有那颗叫谷神星的矮行星。虽然小行星带里还有很多小石头，但它们就只能被叫作"**石头**"而已，因为科学家对它们并没有太在意。

石头的权益

卵石的势力

石头也是人！

赋予卵石相应的权利

尽管如此，2007年，NASA启动黎明号行动，发射探索器前往灶神星和谷神星一探究竟时，还是引起了世界极大的关注。那不但是人类有史以来首次探索矮行星，而且使用的是新型的引擎，叫"**离子引擎**"。有了离子引擎，黎明号得以绕灶神星转过拍下照片后，再缓缓地、缓缓地，往谷神星飞去，进入绕谷神星转的轨道。一说起太空船的引擎，我们想到的都是太空火箭的引擎——巨大的火箭喷着火、冒着烟，由于飞船加速，宇航员被狠狠地压在椅子上。将尼尔·阿姆斯特朗送上月球的土星5号火箭在1.5秒内从静止状态加速到60英里每小时,而离子引擎从静止状态加速到 **60英里**每小时,却需要 **4天** 时间。有时候不光是速度的问题。

木星
距离太阳大约43.2光分

木星对于太阳来说，它大约就是一只体格庞大、**浑身横纹**，而且带有攻击性的**圆滚滚**的老虎。

吼！

木星曾经是太阳系里最爱欺负人的大块头——科学家认为木星强大的引力或许正是将海王星和天王星往太阳系边缘推搡的罪魁祸首。当太阳系还年轻的时候，说不定它还将巨大的岩石和冰块往处在太阳系比较靠里的行星上扔，但随着年纪大了，木星渐渐也冷静下来了。现在，科学家觉得木星是使地球不受小行星**撞击**的保护者——小行星在抵达地球前就被木星**吸**了过去——尽管有时还是会把它们给**甩**出来。

木星的大小，是太阳系其他所有行星大小总和的2倍之多，但曾经的它可是太阳系其他行星大小总和的4倍——木星的体积一直在缩小。这是由木星结构导致的。跟主要成分是岩石的水星、金星、地球和火星不一样，木星是个**气态行星**。内层是氢气，温度极高，内核有可能是金属和岩石的混合物。外层气体温度低很多。正是因为内外强烈温差才导致木星的直径以每年2厘米的速度缩小。

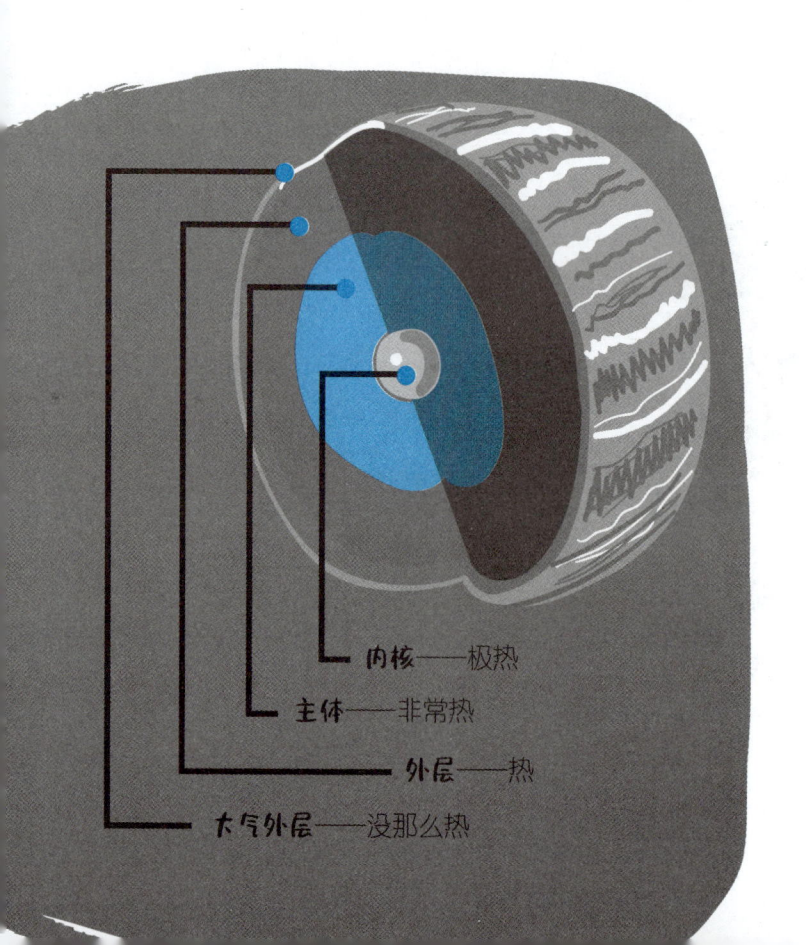

内核——极热

主体——非常热

外层——热

大气外层——没那么热

为什么满是条纹?

木星上的**条纹**和**斑块**,都是由木星表面一刻不停地刮着狂风导致的。之所以狂风一刻不停歇,是因为木星*自转速度非常快*——转一天还不到10小时呢,而木星表面巨大的红斑其实是风暴,风暴体积是地球的3倍,已经持续了好几个世纪的时间。

木星上没有天气预报也是件好事,不然天气预报员要无聊坏了。

> 这里依然是风暴天气。

木星上还有不少其他有趣的天气现象。大气层里含有一种气体叫甲烷(就是那种让**屁臭熏熏**的气体,但这不是重点)。木星上闪电频繁,若甲烷被闪电击中,则会变成碳粉,碳粉下落的过程中由于高压作用挤压到一起。如果压强够大,碳粉能被直接转化

报道一则让人心情愉悦的消息……

成钻石。木星是太阳系里唯一一颗降钻石雨的行星，大颗大颗亮晶晶的钻石。这就值得制作一则天气预报了。

许多卫星

木星有许多卫星——目前已知的至少有67颗，很可能更多。4颗最大的卫星——艾奥（木卫一）、欧罗巴（木卫二）、加尼美得（木卫三）和卡里斯托（木卫四）——都是伽利略在1610年发现的。他的发现，彻底改变了人类对宇宙的看法。历史上，人类一直以为地球是宇宙的中心，宇宙的一切都绕着地球转。伽利略的发现给一个新颖且充满争议性（却正确）的理论提供了充分的支持——认为地球和其他行星都绕着太阳转。木星周围或许还藏着不少卫星在周围呢。对于木星，我们一直都有新发现。例如，你知道吗？木星是有环的。木星环在**1979年**才被发现，因为木星的环不像土星的那么耀眼夺目。

木卫二欧罗巴是被我们认为可能存在**外星生命体**的4大候选星球之一。我们认为生命体不会在木卫二的表面，就算是在木卫二气候最温暖的季节，地表温度也只有-134℃，再加上来自太阳的辐射，足以杀死人类，因此那里不可能是人类理想的定居点，但木卫二的表面有**冰盖**（还是太阳系里表面最光滑的天体），让我们不禁猜测，冰盖下面或许藏着一片海洋。

有水，并不代表着就一定会有生命体，但也足够让美国宇航局决定，在伽利略探测器任务完成后，让它坠落在木星上，而不要坠落在木卫二上，因为不管那上面有没有外星生命体，他们都不想冒险让地球上的**细菌**污染那里的环境。

显然人类还没登陆过木星，或许永远也不会登陆木星。木星有着太阳系所有的行星中最强烈的磁场，比地球磁场强**20000倍**。磁场持续不断发送出致命的辐射，人类不可能在上面存活，不过我们倒是向木星发出去过几台**探测器**。

最新一台探测器——朱诺号，尽管飞得比人类历史上一切交通工具都快，但也是经过**5年**的飞行，才在2016年7月4日抵达木星。（要是把宇航员送上木星，得带上多少太空餐才够啊？）朱诺号发回来了木星**北极**让人难以置信的**照片**，帮助科学家解开木星磁场如此强烈的谜团。朱诺号为了让我们对这颗魔鬼一样的行星了解更多，会挑战异常复杂且难度很高的轨道飞行路线。任务完成后，它将直接坠落木星表面。

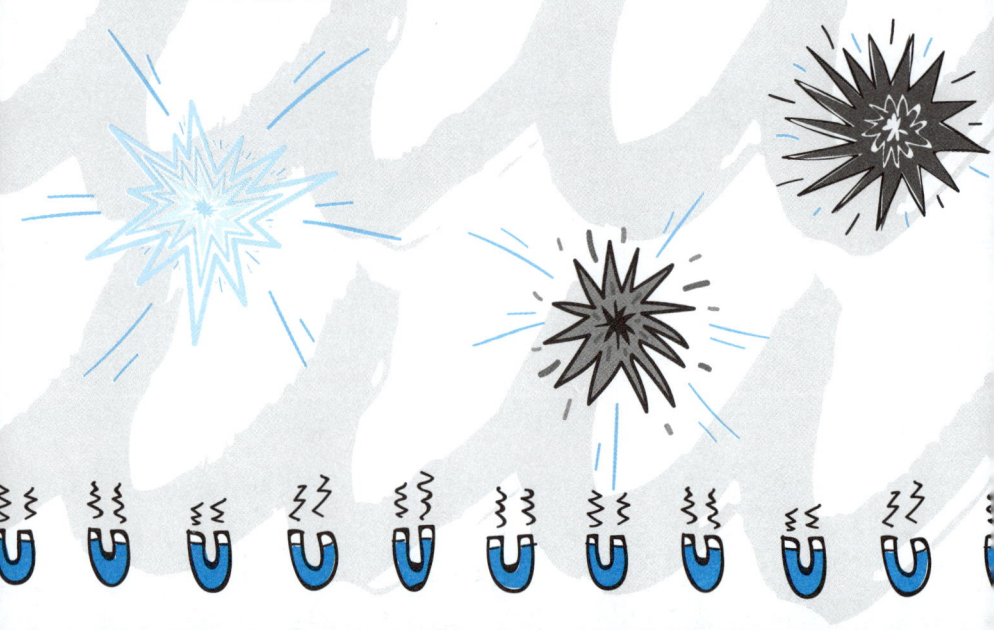

土星

距离太阳1.3光时

越过了木星，就来到土星，这是太阳系里的第二大行星。它看起来寂静、高贵、平和，然而，事实并非如此。站在土星上，仿佛站在巨大的环形交叉口上，外面围着一圈又一圈完全不限速的高速公路。

土星：非常需要一条斑马线

一圈又一圈

土星著名的环，是由冰和石块组成的，小如鹅卵石，大则如山。它们是被土星的重量吸过来后相互撞成碎块的冰彗星、小行星和卫星的残骸。它们以各自不同的速度绕着土星一圈又一圈地竞逐——仿佛一个个并不急着去哪儿，纯粹就是为了享受兜风乐趣而转个不停的雪球。有些冰块形成了卫星。至今，科学家已经发现了 **62颗** 绕着土星转的卫星——说不定还有更多呢。

跟木星一样，土星的主要组成是氢气和氦气，上面条纹的成因是强风。不过土星的密度比木星小很多——如果有一个足够大的浴缸，装有足够多的水，那么你就能让土星浮起来了。说到这儿，我们先让脑子好好消化一下。土星原来就像一只大黄鸭！

土星！你又把一个脏脏的环留在浴缸里了？

一颗遥远的行星

土星是古人知道的最遥远的星球了。伽利略·伽利莱第一次通过他的**天文望远镜**看到土星的时候,就已经发现土星的**环**了,但由于当时的设备并没有现在的这么先进,因此他没办法弄清楚那到底是什么。他以为那些是其他的球体,之后他又觉得那些应该是类似**茶杯把手**的部分。1659年,荷兰天文学家克里斯蒂安·惠更斯终于发现了土星有一个环——当时他以为只有一个。直到1675年,意大利天文学家吉恩·多米尼克·卡西尼才意识到,在我们现在知道的**A**环和**B**环之间,存在着非常大的间隙。

最近一次探索土星的任务,是以这两位伟大的天文学家名字来命名的,叫卡西尼-惠更斯号。惠更斯探索器进入土星最大的卫星泰坦(土卫六)的**大气层**,发现土卫六跟**几百万年前**的地球非常相似。卡西尼探索器绕着土星飞行,给地球传送回来的清晰照片,让科学家有了不少新发现,例如,在土星北极上空有一个神秘的六边形在旋转。

神秘的六边形 →

我可以告诉你为什么我会在这里,但之后我就要杀了你灭口!

2017年9月,卡西尼-惠更斯号按计划冲进了土星大气层,光荣地完成了它的使命。我们真的该为这些了不起的伙伴们设计一个更安乐的晚年。

天王星
距离太阳2.7光时

天王星过去还真不容易。1781年之前，根本没有人知道它的存在——它是人类用天文望远镜发现的第一颗行星。发现它的天文学家威廉·赫歇尔一开始无法说服人们，那是一颗行星，而非一颗彗星或者恒星。约翰·埃勒德·波得让它作为一颗行星的身份获得官方承认，出于某种原因，将它命名为"乌拉诺斯"。这可是罗马天空之神的名字，**威风凛凛**，但这颗可怜的行星却因为名字发音的问题，从此被开玩笑地与"**屁股**"（哎呀！真讨厌！）连在一起了。就算是在《**观星直播**》节目中，我们也不再叫它的名字了。反正只用各种各样的方式来指代它，但就是不肯说那个让人联想起"**屁股**"的名字。威廉·赫歇尔将天王星命名为"乔治之星"，以纪念**英国国王乔治三世**。这名字听起来没那么让人尴尬，尽管乔治三世有点儿疯，曾将一棵树误认为是普鲁士国王而跟那棵树聊天。

> 尊敬的陛下，您的发型真好看，而且头发浓密。

天王星不仅曾经名声受损，连身体也曾受到过重重的创伤。在很久以前，应该有一颗堪比地球大小的天体狠狠地撞上了天王星，把它给**撞歪**了，所以现在它是侧着身子绕着太阳转的，仿佛一个霹雳舞跳得不怎么好的舞者。它自转的方向是**从东到西**的，而不是跟其他行星那样**从西到东**（金星除外，我们都知道金星是怎么转的了）。

← 金星：还是觉得很可怕。

跟木星和土星一样，天王星也有环，而且环也是气体——主要是氢气和氦气，但也有部分甲烷，让天王星看起来呈蓝色。甲烷吸收了太阳的红光，反射出蓝光和绿光，所以我们肉眼看起来它是蓝绿色的（虽然白天阳光看起来是白色的，但其实里面有光谱的所有颜色，就像彩虹）。

没有朋友的孤独星球

唯一一位天王星的访客是一台航天器，而且那也是在30年前的事了。天王星上没有让航天器着陆的地方，而且它的大气层足以毁灭一架金属飞船。再说了，航天器要抵达天王星，得花上很多年。希望未来我们仍会造访天王星，更深入地发掘它、了解它。

我的心情是忧郁的蓝调。

海王星

距离太阳4.1光时

数学可是生活中一门很有用的学科，**买薯片**时得算清楚有没有找错零钱，算算距离放暑假还有多少天，以及发现新的行星。

没错，数学能帮你发现**肉眼**甚至没法看到的行星。海王星，这个在太阳系里处在最偏远位置的行星，就是这么被发现的。两位互相视对方为竞争对手的数学家奥本·勒维耶和约翰·柯西·亚当斯各自意识到有一颗未知的**巨大行星**在影响着天王星的运动轨迹，这颗未知行星的引力一直吸引着天王星，从而计算出了海王星的具体位置。1846年，天文学家约翰·伽勒根据勒维耶计算出来的方向，通过天文望远镜第一次观察到海王星。由于这颗行星有着非常漂亮的蓝色，因此人们便以罗马的海神为它命名。到现在，我们还不知道为什么海王星有这样的亮蓝色——因为我们没办法近距离去研究海王星。

海王星距离**太阳**非常遥远，有45亿千米，所以那上面**非常寒冷**。海王星已知有5个环和14颗卫星。我之所以不停强调"已知"，是因为对海王星实在有太多"未知"了。我们还知道的是，它绕太阳转一圈，得花上165年。从被发现至今，它才绕太阳转了一圈而已。如果海王星上有什么**生命体**，那么它们要庆祝一次生日，得等上多长时间啊！

终于一岁了！

自被发现以来,海王星也只被地球文明造访过一次,而访客正是那个给人类拍下了唯一一张天王星照片的旅行者2号探测器。我们来给任务清单多加一项:

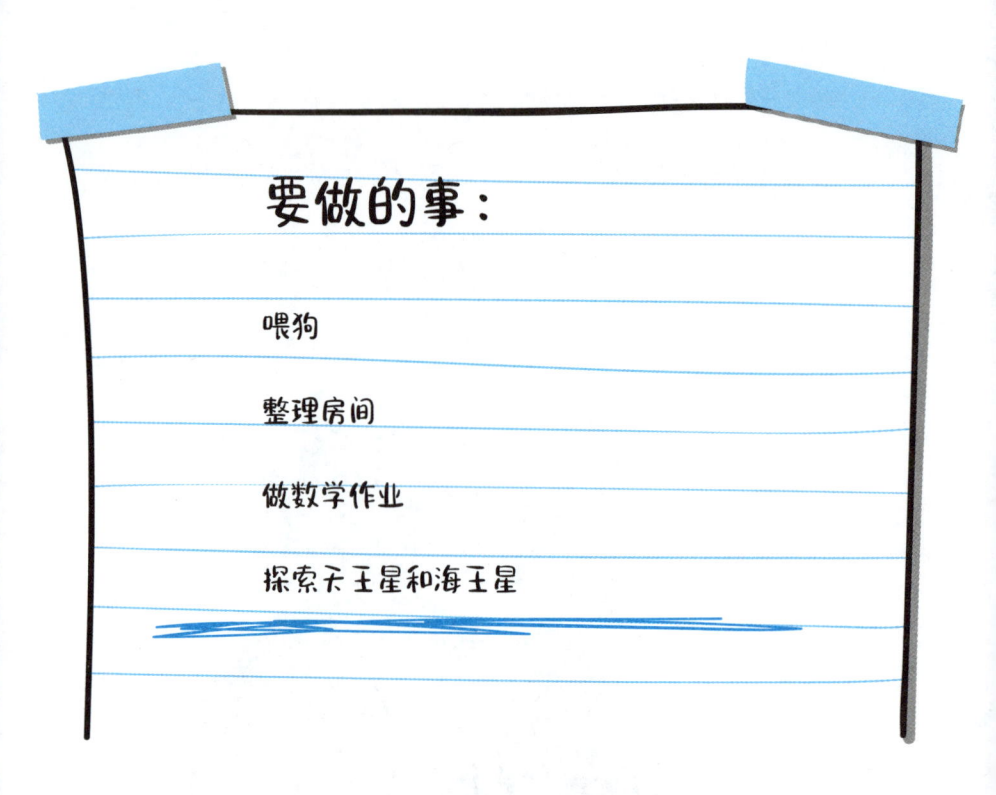

要做的事:

喂狗

整理房间

做数学作业

探索天王星和海王星

这还不是人类探索过的**最远的地方**。接下来的一个天体,极具争议性,当人类发射探索器时它还是颗行星,结果抵达后,它却不再是一颗行星了。

柯伊伯带

距离太阳4.2~7.6光时

就我们目前所知，海王星是太阳系里第八颗，也是最后一颗行星。在我还是孩子的时候，太阳系是有**九大行星**的。最后一颗是体积较小、气候严寒的一颗大石头，叫冥王星。冥王星的发音，叫"普鲁托"，但别以为那是卡通狗普鲁托。**1930年**，来自英国牛津的一位11岁女孩薇尼提亚·伯恩利以罗马的冥界之神布鲁托为它命了名。薇尼提亚因为给冥王星取了个好名字而获得**5英镑**奖赏，而那个名字在当时也是轰动一时。当时人们以为，冥王星有7个地球那么大，但现在，科学界认为，它其实只有地球体积的1/459。

作为太阳系最遥远的一颗行星，冥王星是人类在太阳系最后的一个远征目标。2001年，**新视野号**任务启动，为了研究我们最遥远的邻居而发射探索器。2006年1月19日，新视野号展开了为期9年半的飞行，可6个月后，新视野号才越过火星，沿着预设的轨道顺利前进，冥王星却被正式从太阳系的行星队列中除名了。

那到底怎么才算是一颗行星呢？

国际天文学联合会（IAU）对行星的定义，是有标准的：

1. 它得绕着太阳公转。

2. 形状得呈圆形或近乎圆形——也就是得像个球。

3. 它得有能力把自己周围的轨道清理干净——通过巨大的体积和引力把运转轨道上挡路的东西都推开。

冥王星满足了前两项条件,就是没有足够的引力把杂物清理干净,所以它只能算是一颗矮行星。

没什么特别的!

冥王星结果只不过是太阳系的柯伊伯带上成千上万冷冰冰的矮行星和小行星之一。柯伊伯带有点像小行星带,但比小行星带要冰冷得多,毕竟,它距离太阳非常遥远。你可以把它想象成一片**巨大**的冰薄饼。

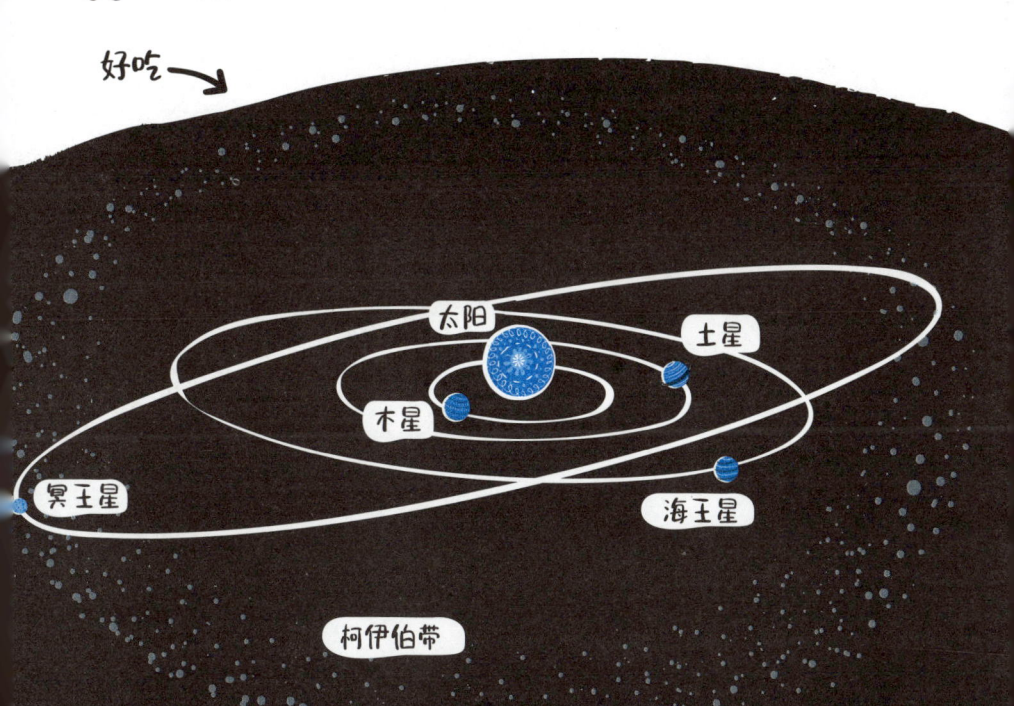

好吃→

科学家认为，在柯伊伯带上，有着成千上万的天体和数以**兆**计的小型天体。冥王星并非那上面唯一一颗矮行星，目前已被发现的矮行星还有四颗：谷神星、妊神星、鸟神星和阋神星。

柯伊伯带是以天文学家**杰拉德·柯伊伯**命名的。1951年，他计算出了柯伊伯带必定存在。他的假设终于在1992年获得科学家刘丽杏教授和大卫·朱维特教授的证实。

聪明 ＋ 也很聪明

尽管冥王星从小行星中被除名，新视野号依然毫无畏惧继续前行。它已经发回来美丽的冥王星和它的卫星的照片，其中还包括4颗此前尚未被人类发现的卫星。现在，新视野号继续深入冷冰冰的柯伊伯带深处，正如一名勇敢无畏的极地探险家，希望继续深入，探索柯伊伯带以及太阳系未知的地方是如何发展的。

我要出去走走，可能需要点**时间**才能回来。

新的第九大行星？

2016年1月20日，研究柯伊伯带的科学家宣布了一项重大消息：他们发现了研究以来最让人兴奋的东西——**一颗新行星**。

目前，还没有人见到过这"**第九大行星**"，但它肯定是存在的，因为它的引力导致所有绕太阳公转的天体形成一个奇怪的有所偏差的轨道。显然第九大行星的大小跟海王星差不多，而且绕太阳公转一圈，时间大概在1万到2万年之间。目前它尚未被正式命名。由于它让其他天体的轨道**产生偏差**，我建议叫它"**高飞**"。我那5英镑奖赏呢？

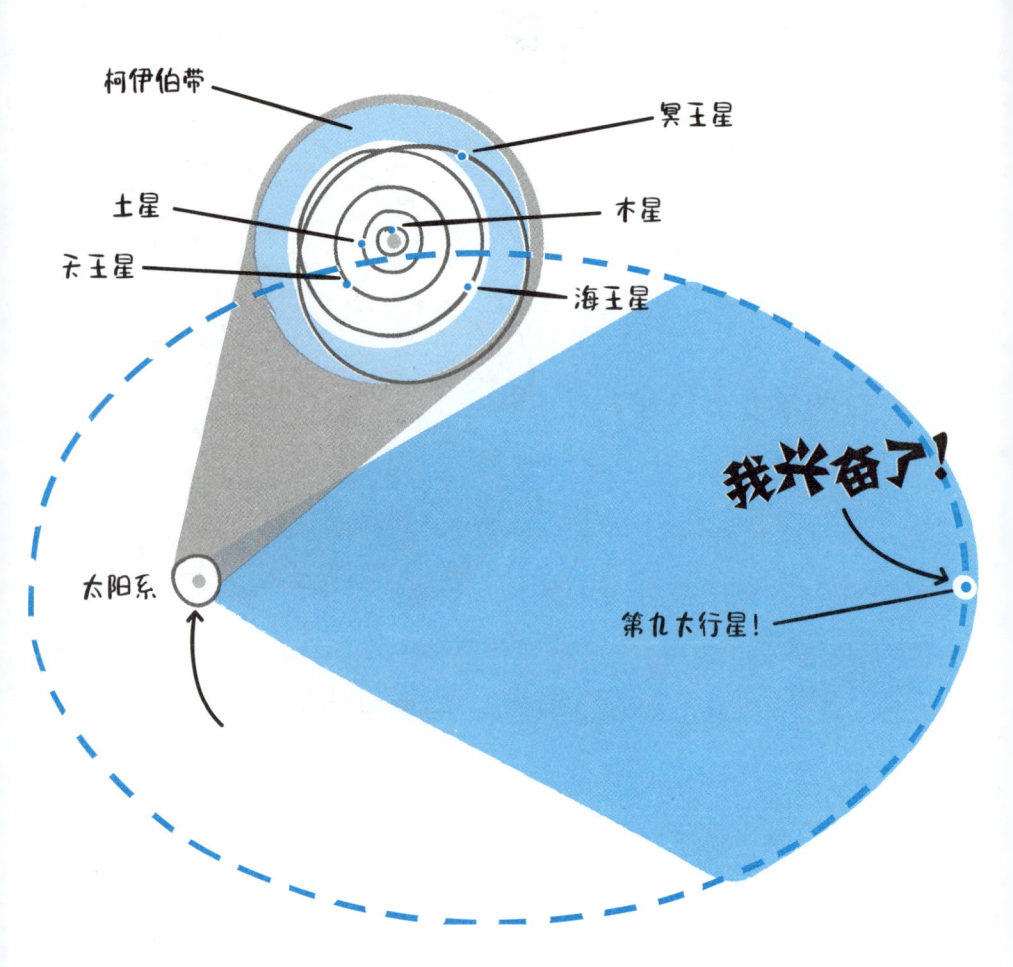

柯伊伯带

冥王星

土星

木星

天王星

海王星

太阳系

我兴奋了！

第九大行星！

彗星和奥尔特云
距离太阳约0.8光年

你见过**流星**吗？它们看起来并不可怕，像**萤火虫**一样在夜空中划过，便消失在夜色中。人们看到流星就会许愿，相信流星能让愿望成真，但彗星却把人给吓坏了。它们仿佛来自外太空巨大且可怕的火球，多少个世纪以来，人们都深信彗星是世界末日的征兆。

1664年，一颗彗星出现在伦敦上空。之后伦敦爆发鼠疫，短时间内夺走了大约**10万条人命**。两年后，**一场大火**，将伦敦烧得满目疮痍。彗星出现在前，灾厄紧随其后，不可能这么**巧**吧？

事实上就是这么巧。流星其实是一块块石头和冰块，在进入地球**大气层**时**燃烧**。它们甚至都不是冲着我们来的，而是我们冲着它们过去的。彗星后面拖着的长长的尾巴是灰尘和冰，是彗星分解后的残骸。当这些物质进入地球大气燃烧的时候，我们就可以观赏一场美丽的烟花了。

鼠疫

彗星是巨大的固态（结了冰的）气体，绕着太阳以椭圆形（橄榄球一样的形状）的轨迹运动。彗星之所以能够**发光**，是因为太阳光给它们加了温，它们的尾巴其实就是受热的气体。这跟好运或厄运完全无关，除非它冲着地球过来**砸**你头上了，但这发生的可能性很小。它们在夜空中闪烁，要是你发现了一颗新的彗星，你就可以用自己的名字来命名它了。

世界末日？

大火

向哈雷致敬!

埃德蒙·哈雷:终身致力于彗星研究

第一位发现彗星绕太阳公转的人,是一名叫**埃德蒙·哈雷**的天文学家。哈雷从小就跟彗星结缘。1664年,他通过爸爸的天文望远镜看到了那颗被认为象征着**世界浩劫**的彗星(其实关于这件事,我们也不能百分之百确定真实与否,或许就像其他的那些历史名人轶事一样。比如,相传当年一个**苹果**正好砸在牛顿头上,或者比如说相传当年,我赢了环法自行车大赛)。不管他和彗星到底是怎么牵扯上的,反正他从此就爱上了观察星空,终其一生致力于研究,还绘制出第一张准确的南半球星空图。另外,他还尝试了解彗星到底是什么,它们是从何而来的。

1705年，哈雷发现，曾在1531年、1607年和1682年从天空划过的彗星，实际上是同一颗彗星，在不同时间出现在不同地方。他计算出这颗彗星**每76年**就会绕太阳转一圈，并预计50年后它将再次出现。还真算准了！所有人都**非常震惊**，所以这颗彗星便以他的名字来命名了。哈雷彗星直到现在还坚持每76年出现在地球上空一次。最近一次人类有幸看到它，是在1986年。下一次它再次出现在地球上空，将会是2061年，届时我们会这样观赏它。

你知道在人类发射上天的这么多个太空探测器中，我最喜欢的是哪一个吗？是在一颗彗星上着陆的探索器——罗塞塔探索器。它于2004年升空，10年后进入"67P楚留莫夫-格拉希门克"彗星的运行轨道。这颗彗星形状仿佛**一只鸭子**，来自柯伊伯带，以每小时135000千米的速度绕着太阳转。罗塞塔号不但成功进入这颗形状奇特的彗星的运动轨道，还成功往彗星上扔下去一个**着陆器**——菲莱登陆器，那可是有史以来第一个在一颗彗星上登陆的人造太空设备。

勇敢的小菲莱重重摔在彗星上，在星体表面上都**弹**了好几下了，但依然坚持往地球发送数据好几天才失去联络。次年夏天，罗塞塔号在轨道飞行的时候重新发现菲莱号，它之所以失去联络，是因为它着陆的地方无法让**太阳能板**继续接收**太阳能**。菲莱号只能在彗星表面**沉睡**。罗塞塔继续绕着彗星飞行，但它渐渐远离太阳，也越来越难继续为自己供能了。最终，探索了这颗神秘的天体两年，完成了地图绘制任务之后，罗塞塔号最后拍下的是它最终着陆的照片。自此以后，罗塞塔和菲莱会乘着鸭子形状的彗星继续它们的太空旅行。

你到底在说什么？

明明在说太阳系，为什么突然说起彗星来了？因为有些彗星是从柯伊伯带过来的。还记得那个环绕着太阳的冷冰冰的薄饼吗？一个叫**简·亨德里克·奥尔特**的天文学家认为，某些彗星绝对是从更遥远的地方来的。1950年，他预测在太阳周围裹着一片非常庞大的球形彗星云，范围甚至比柯伊伯带还宽广。他的预言被证明是对的！为了表彰他了不起的贡献，那片广阔的球体云团被命名为"**奥尔特云**"。

简·亨德里克·奥尔特：
他值得拥有更大的名气

要是说柯伊伯带是一片冰薄饼,奥尔特云就是包围着薄饼的一大群黄蜂。太阳只不过是这块薄饼中间一块**亮晶晶**的草莓,各大行星是散布在草莓附近的糖粒。

一幅非常严肃的科学图表

太阳

柯伊伯带

奥尔特云

奥尔特云环绕着太阳系,仿佛是在我们和**星际空间**(只能用粗体字才能体现出这是一个多么让人兴奋的地方)之间的一个保护壳。星际空间,是指恒星与恒星之间的太空领域,距离之遥远,足以让它们相互间不受彼此的引力和能量影响。那是一个异常冰冷、黑暗、无边的未知世界。

从奥尔特云的边缘看过去，太阳只不过是颗明亮的星星，但依然能发挥它的**巨大引力**，将数十亿颗彗星往自己的方向拉，形成**奥尔特云**，让这些彗星在绕着太阳的轨道上运动。每颗彗星之间的距离，大约有地球与土星之间的距离那么远。

星际空间

奥尔特云一直在**变化**。太阳时不时就把一颗新的彗星拉进奥尔特云，时不时地也会有彗星被另外一颗恒星的引力扯出原本的运动轨道。有时候会有彗星脱离轨道飞往**星际空间**（无论何时提起，都感觉相当酷），有时候会有彗星冲向太阳——或地球。就是因为这样，我们才知道奥尔特云的存在。我们没办法看见奥尔特云。奥尔特云**漆黑一片**，墨黑如星际空间（我知道说太多遍了，我不再提这个词了）。

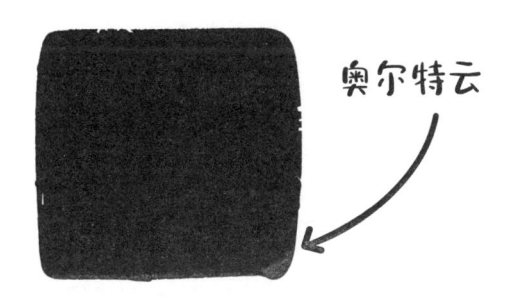

奥尔特云

日光层

大约1光年远的地方：星际空间

到了奥尔特云的边缘，就已经飞跃了太阳系一个非常重要的边界了。太阳系被封锁在某种带**磁性**的范围内，这个范围叫日光层，是从太阳以每小时400千米的速度往四面八方吹出来的风制造出来的一圈**磁场**。风一直吹到星际空间（好了，我不再强调了），再慢慢减速，在我们和宇宙其他区域之间形成一道保护罩，保护我们不受宇宙射线的伤害。

当太阳风在日光层突然减速时，它们会制造出冲击波。

2014年，科学家利用这股冲击波确认了让全人类为之惊叹的太空探索成就：有史以来第一次，人造航天器离开了太阳系进入**星际空间**（忍不住了，我必须再次强调，真的很厉害），而这个人造航天器正是旅行者1号探索器。目前，它距离太阳20光时远，而且还继续往更遥远的地方去探索。

旅行者1号：了不起！

旅行者号太空探索器：或许是人类历史上最酷的太空飞船。

在播什么呢？

台球。

那一天是 **1977年8月20日**。如果当年，你爸爸妈妈已经出生了的话，当年他们还穿着很搞笑的喇叭裤呢，但在那个年代，生活是我们现在完全无法想象的！那时候还没有电脑、没有手机，全美国仅有3个电视频道，而且人们看的还是黑白电视机。

而就在那一天晚上，人们却在夜间新闻见证了一个非常了不起的人类大事件：无人驾驶的星际太空船旅行者2号升空。

勇闯未知的旅程

旅行者2号是航天历史上**最伟大**的历程之一,两周后,也就是1977年9月5日,同胞航天器旅行者1号发射升空,它们的任务是一起探索太阳系最遥远的行星。旅行者1号尽管发射时间比旅行者2号晚,但它之所以被称为1号,是因为按计划,它应该是更先抵达目标行星的。这听起来有点混乱,不过就那个年代来讲,没什么说不通的(20世纪70年代就是那么疯狂)。

20世纪70年代的其他有代表性的事物:

熔岩灯

充气弹弹球

爆炸头

20世纪70年代,很多潮流都持续不了多久,但旅行者航天器却不是这样的。从发射升空至今,40年过去了,它们还一直往地球发回来宝贵的信息。这使它们得以位列人类发射上太空的最出色的航天探索器名单。

到木星和更遥远的地方去!

旅行者号探索器给我们发回来每一颗行星的全新信息,也彻底改变了人类对太阳系的认知。旅行者1号在1979年抵达木星,给地球传送回来大红斑的近距离照片——那场在木星表面持续肆虐的飓风!

> 风暴还在刮着呢!

1980年，旅行者1号抵达土星，发现土星环是由**数以百万计**的尘埃、水冰和岩石组成的，还不停**相互碰撞**。原来土星的环的数量，比我们知道的还要多。

那旅行者2号到底是去干什么的？

旅行者2号也造访了土星和木星。不过旅行者1号之后便开往星际太空了，而旅行者2号则继续前往天王星，发现天王星的卫星数量比我们原以为的还要多两个，然后，下一站是海王星——那个距离太阳最遥远的行星。

不要，我才不要再说一遍那个笑话。

当旅行者2号抵达海王星时,它发现了6颗新的卫星,以及海王星表面一个巨大的黑点,原来是跟木星大红斑一样,是一场飓风。

前往星际太空

海王星:又一个被排除掉的度假地点。

飞越了八大行星后,旅行者1号和2号都继续往前飞,一直飞,一直飞,仿佛专注的职业马拉松运动选手,但马拉松赛程总有个**终点**,而旅行者号却不一样,它们或许会永远地飞下去。它们甚至可能在地球毁灭多年后还一直存在(不过这听着也觉得有点恐怖。我们就先别那么想吧)。

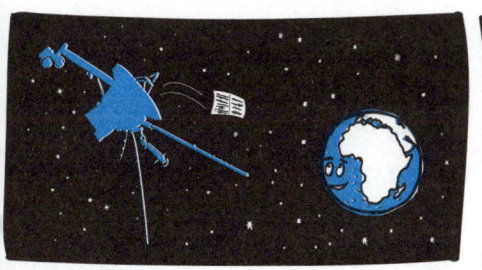

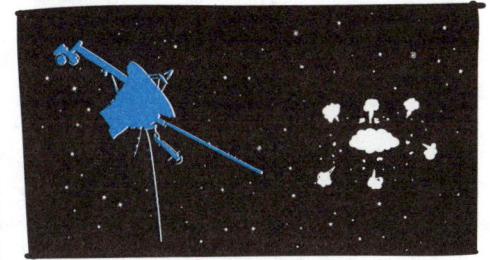

两台航天探索器上都带有充足的燃料，足够给航天器上各种设备供能至2025年。而在那之后，它们将在宇宙最黑暗、最寒冷的地方继续无声的旅程。它们是人类在银河系的大使，是在这浩渺无垠的空寂空间里人类存在的证明。在大约40000年后，旅行者1号会经过恒星AC+793888，在**296000年后**，旅行者2号会近距离经过天狼星。通过它们的旅程，我们才意识到太空到底有多浩瀚。

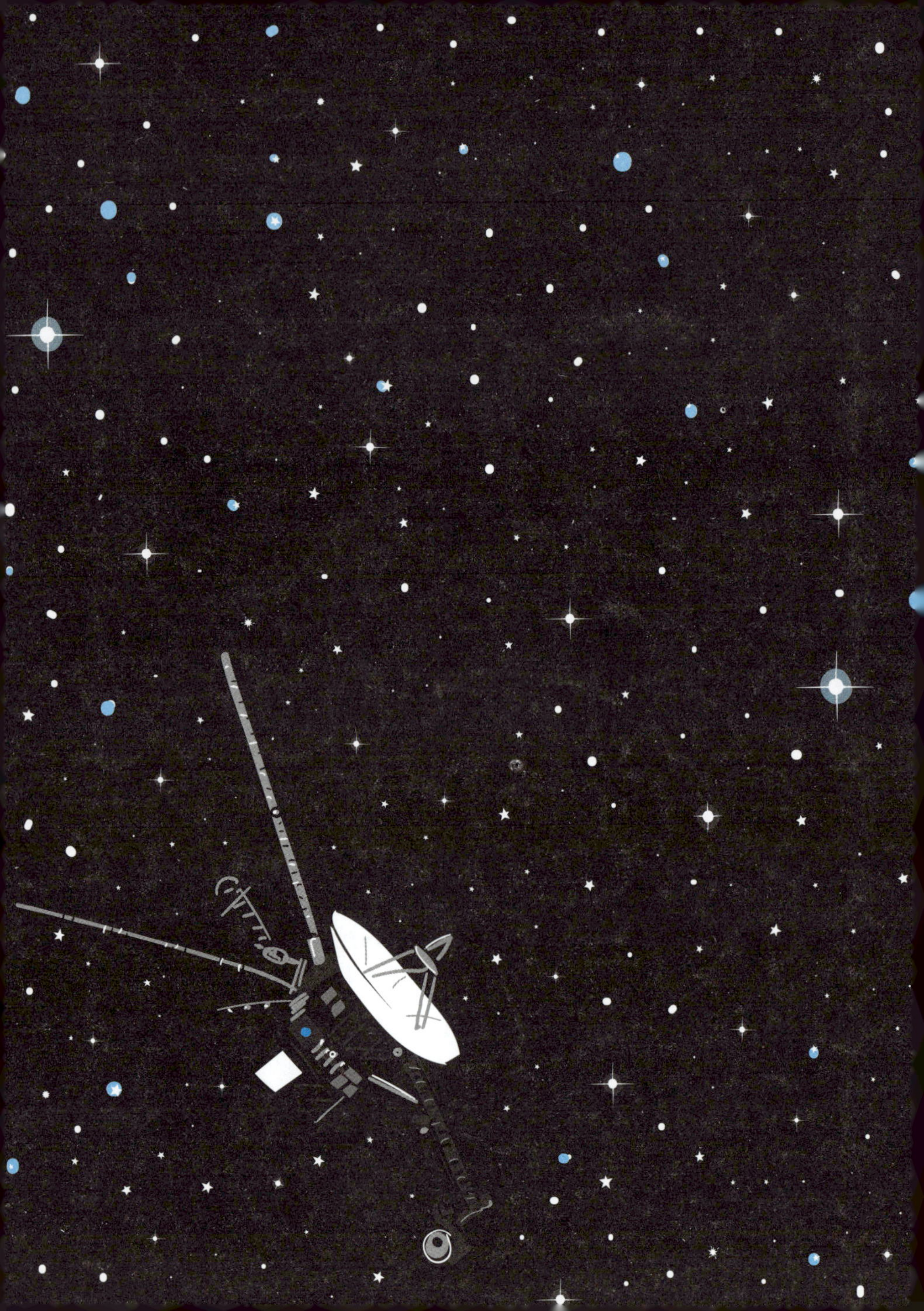

我们能看多远

旅行者1号旅程之外的旅程

接下来的章节,把**地图**缩小,看看我们说了那么久的太空范围到底在哪里。

了不起的旅行者1号航天探索器所到的地方,比之前升空的任何一台航天器到过的地方都要远——但其实也没那么远,只不过飞出了太阳系那么一点点而已,而太阳系只不过是宇宙中小小一丁点

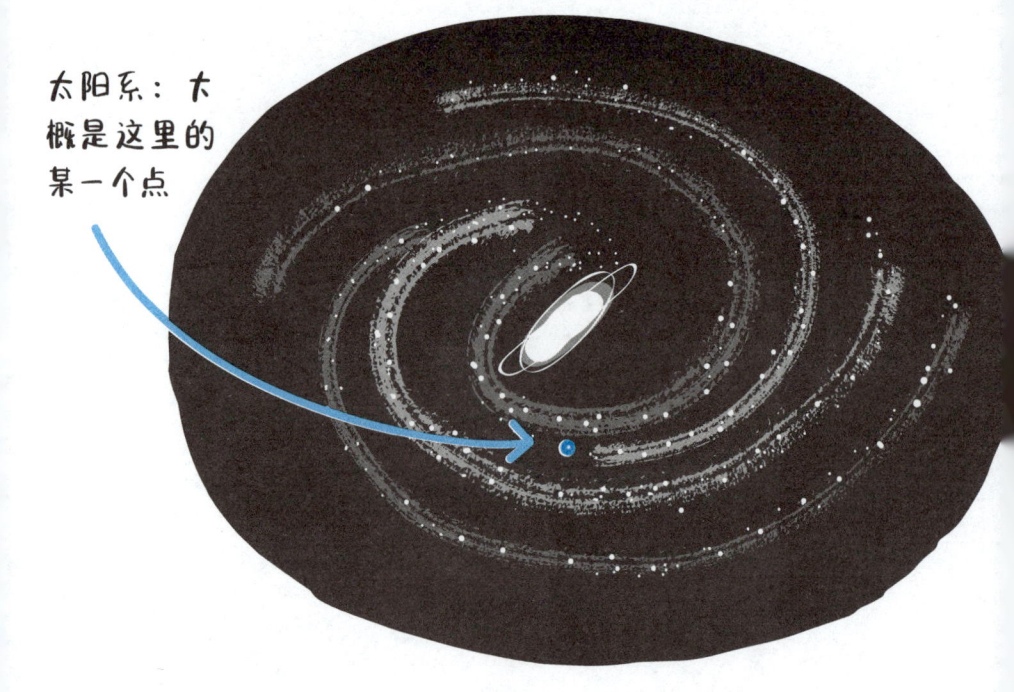

太阳系:大概是这里的某一个点

的范围。就算不说**全宇宙**，就看看咱们所在的银河系，天空中那道奶白色亮晶晶的银河，太阳系甚至都不值得在银河系地图上标出来呢。

我们不太可能做出一台可以飞到银河另一边的航天器。至于全宇宙，嗯……我们甚至都不知道宇宙到底有多大呢，说不定永远也飞不到尽头。我们是无论如何也到不了边的了，所以探索就要到此为止了吗？不然我们还能上哪儿去呢？我们该怎么继续向外探索呢？

这或许就是太空最棒的地方了。如果你去不了，那么就在家里坐着吧，它自然会过来找你。

哥伦布可没那么舒服。他没办法租几条船，然后坐在葡萄牙等着美国送上门。斯科特得亲自远征南极，利文斯通也得深入非洲冒险。他们在探索的途中得冒着被淹死、被冻死、被咬死的危险，而你，作为一名太空探索者，甚至都不需要翻过自家花园呢。要探索那一片最突破想象的领域，对生命本质提出最深奥的问题，我们需要做的，只不过是抬头**仰望天空**。

每一个夜晚，如果云量不多，那么我们就能看到无垠的太空。我们能看到恒星的诞生，看到彗星经过，看到星系相撞。或许你无法想象这些天体运动有多么史诗式的壮观、多么迷人、多么高科技。毕竟你只需要坐在家里手捧着一杯茶，就能看到了。

但要是我这样说呢？

> 那嗡嗡嗡嗡的声音是怎么回事？

我们要用人类历史上最伟大的发明之———一台可以塞进橱柜里的**时光机**，去探索太空！

我们会思索比人类历史任何一个不解之谜更伟大的谜团，几乎超越人类理解的谜团！我们得到的答案，老实说，会非常古怪。

纵观人类历史，要探索太空，往往需要异于常人的**勇气**，而最早开始探索太空的人，告诉我们现在看来只不过是基本常识的那些人，通常不是被关进监狱了，就是被行刑没了命，或是被关进监狱后受刑死了！

如果要了解为何观星曾经是如此危险的事，那么我们就得回到过去，追溯到第一次有人类仰望星空，好奇天空外到底在发生什么事的那个年代。

古代天文学

当你仰望星空,注意到星星的分布格局,你就能称得上是一名**天文学家**了。天文学是人类现存科学分类里最古老的一门科学,研究恒星、行星和夜空的一切。

最古老的天文学家追踪夜空上星辰的**运动轨迹**,用以标注季节变化。如此一来,农民知道在哪个时节栽种哪种农作物。根据日月星辰在一年当中出现在不同的位置,日历应运而生。

> 这个月去哪个漂亮的地方?

> 应该会到天空那边去走走吧。

> 挺不错的呀!听说每年这个季节那里很漂亮呢。

现在我们用的日历，也是沿用了古罗马和古希腊天文学家设计的历法。要是他们能设计一套每星期有三天周末的日历就好了。除此之外，我没什么**埋怨**的了。

在人类发明谷歌地图等地图导航工具之前，**探险家**和**航海家**利用星辰指引方向。随着太阳自转，星星所在的位置也会改变，但它们和其他星星之间的位置关系却不会改变。不管你是身处沙漠还是丛林，身处海洋还是英国约克郡某块地的中央，当方圆不知道多少英里都不会有其他东西给你指引方向的时候，天上的星星是最可靠的路标。

有那么一段时间，天文学和算命扯上了关系，这多少有点拉了天文学发展的后腿。当时人们认为，在你出生的时候，星星和地球的位置关系，会影响到你的性格发展。这当然只是无稽之谈。你出生的时候，停在医院门外的公交车的引力对你的影响，比远在天边的星星对你的影响还要**大**。

> 我能看到你走了很长一段路，从很远的那个仓库过来的。

在人类历史上发展曲折的科学，可不止天文学。**化学**，操纵原子和分子的科学，其根源是炼金术，也就是那些将不值钱的铅变成价值连城的金子的半魔术性尝试。还有外科医学。如今，我们放心让医生给我们开膛破肚，但外科医生的鼻祖其实是理发师。

> 麻烦给我递把剪刀。

不过那是得通过另外一整本书来解释的事情了……

尽管古代天文学家耗费毕生精力研究**星辰**，但他们根本不知道天上的星星到底是什么。几千年来，人们以为天上的星星是"固定的"，牢牢嵌在一个巨大的装饰性的**轮子**上，缓缓地绕着地球转，像闪闪发亮的天花板那样，让人类去欣赏，利用它们去指引方向，而因为它们彼此间的位置保持不变，我们的祖先便认为它们是永恒不变的，并开始想象出各种各样以人类为中心的传说和信仰。他们认为，宇宙是由神创造的，是神的家园，代表神的荣耀，以及人

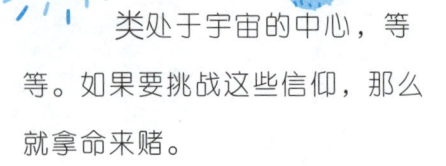

类处于宇宙的中心,等等。如果要挑战这些信仰,那么就拿命来赌。

一知半解是非常危险的

古希腊哲学家及天文学家安纳萨格拉斯,大概是在公元前450年最早提出了太阳其实也是一颗恒星,而且其他恒星是距离我们很遥远的其他"太阳"的理论。结果他被送进了监狱,因为他提出的天文学说违背了当时的宗教信仰。

另一位古希腊哲学家兼天文学家阿里斯塔克斯,计算出太阳比地球大得多,尽管当时的计量一点都不准确。

他还判断出地球绕着**太阳**转，而不是太阳绕着地球转，但没办法证实他的想法，他需要的工具当时还不存在，并且他因此受到**威胁**，如果敢把这个想法公之于众，那么他就要被直接收监。

阿里斯塔克斯提出的主张就这样被大部分人遗忘了。后来，另一位希腊哲学家**托勒密**提出了一套宇宙运动的模型，其中就包括了太阳围绕地球转。这正是教会所教的，所有人都大大舒了口气，没有人要遭受牢狱之灾了。尽管托勒密对太阳系的理解从最根本上就错了，他估算太阳距离我们只有500万千米到600万千米远，而且所有恒星都是在同一个球面上，他却依然创建了一个可以准确预测行星运动、日食，以及恒星位置的系统。那一套系统沿用了**1400年**。

托勒密：错是错了，但他却依然能让船只准时进港。

接下来就到了伟大的波兰天文学家，尼古拉·哥白尼。1543年，哥白尼出版了一本书《天体运行论》，其中阐述了太阳系的中心是太阳，而非地球，提出"**日心说**"。从16世纪初，他就开始观察和研究，但一直等到快要去世了，才敢让他的书出版，因为他很清楚,教会是不可能和善地接纳他的学说的。他预想得没错。天主教会最终将《天体运行论》列为**禁书**——但他的学说已经引起了其他科学家和哲学家的注意。经历了上千年的时间,天文学家们终于开始严肃地质疑托勒密的"地心说"了。

> 当出版社告知他交稿的"截止日期"时,他的生命也接近"截止日期"了。

世道对**勇敢无畏**的天文学家来说,一开始是险恶的。16世纪,意大利哲学家乔尔达诺·布鲁诺提出,太阳是一颗恒星,宇宙无限大,其中还有很多个世界。因为坚持自己的思想,他最终被活活烧死。

到了1610年，意大利天文学家伽利略·伽利莱透过新发明的**天文望远镜**，证实了托勒密的思想是错的。他看见卫星绕着木星转，所以终于有证据证明，宇宙中并非所有一切都绕着地球运动。伽利略认识到恒星肯定距离非常遥远。他赞成哥白尼的学说，但他也因此没落得好下场。**1633年**，伽利略被判为"狂热的异教徒"（思想与基督教正统教义相冲突的人），被禁足在家，一直到1642年逝世。他在家甚至都没办法通过网络电视看天文纪录片，毕竟那时候这么好的东西还没被发明出来。可怜的伽利略，他只能用他仅有的一台天文望远镜孜孜不倦地观察星空，记录下他所有的发现，直到与世长辞。

> 我能不能到楼下的商铺买根**巧克力**？这也不行？我保证我会回来的！

所幸的是，教会终于意识到过去所犯下的错，并向伽利略道歉，但那已经是1992年了，就是伽利略逝世350年之后的事了。

为天文望远镜欢呼！

天文望远镜一经面世，真相再也无法隐瞒。它们**彻底颠覆**了人类对宇宙的认知。当其他人都可以通过天文望远镜看向天空，亲眼观察太阳系的运动模式时，也就再没必要把哪位科学家关起来了。1609—1620年，德国天文学家约翰内斯·开普勒在哥白尼和伽利略的学说基础上，首次综合了物理学和**天文学**，计算出行星以椭圆形（橄榄球形）轨迹运动，然后，艾萨克·牛顿发现了万有引力，还发现了正是引力让行星绕着太阳转。到了17世纪末，大部分科学家都认同了太阳是太阳系中心，行星绕太阳公转这一理论。而这，大部分得归功于天文望远镜。

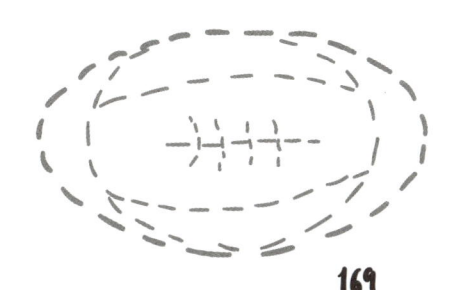

不用客气。

这就是天文望远镜位列人类**最伟大发明之一**的原因。在那个权威人士死活不肯承认自己错误的年代,天文望远镜让"太阳是太阳系中心"的真相清晰地摆在人们眼前,证实否认真相的一方非常愚蠢。

太空充满**神奇**，但光凭一双肉眼，人类能见的实在太有限。若没有天文望远镜，则人类在地球上只能看到**9096**颗星，而且全部都是在银河系里的。这个数字是名叫多丽特·霍夫莱特的美国天文学家耗费多年数出来的，但若有了天文望远镜，你就能看到银河系外的**星星**，但没有人能数得清，因为它们的数量是**数以百万计**的。

以后要是有机会，透过天文望远镜看向星空，你会为自己的所见震惊。那些你习以为常的东西，会**被彻底颠覆**。就算是一个很便宜的望远镜，你也能更清晰地观察到月球和月球表面的陨石坑。你还能更近距离地观察其他行星，比如，通过肉眼看土星的环和木星的大红斑。你还能越过太阳系，看向星际空间（这个词还是那么让人兴奋）。

要是你有一个很厉害、很先进的天文望远镜，说不定你还能回到过去看到宇宙诞生的最初呢！

这就是我之前提到的"**时光机**"。原理是这样的：光是运动速度**最快**的物质，比宇宙中存在的任何物质都要快。光的移动速度是每秒299792458米。没什么东西的运动速度比得上光速了，但尽管它是宇宙运动速度最快的物质，也不是无限快，光依然需要时间去移动，所以你通过天文望远镜看到的星辰，是过去的星辰。之前提过地球与太阳之间的距离，是8光分，还打趣地说，如果太阳7分钟前不再发光发热了，那么我们也不可能马上知道，就是这个道理。

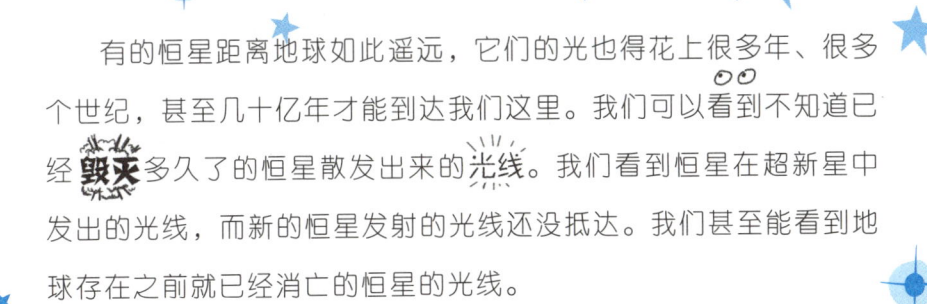

有的恒星距离地球如此遥远，它们的光也得花上很多年、很多个世纪，甚至几十亿年才能到达我们这里。我们可以看到不知道已经**毁灭**多久了的恒星散发出来的光线。我们看到恒星在超新星中发出的光线，而新的恒星发射的光线还没抵达。我们甚至能看到地球存在之前就已经消亡的恒星的光线。

每一次看向遥远的星际，我们其实是在看着很久以前的事物。看来《星球大战》的情节里有一部分是对的呢，并不全是无中生有的科幻。

望远镜还让我们做到了其他很厉害的事情，例如，发现行星。

比邻星（半人马座）

距离太阳4.2光年

假设你搭上了阿波罗10号的顺风车，在这艘人类有史以来行进速度最快的交通工具上，以每小时39937千米的速度在太空里疾驰，穿过太阳系，进入广袤无垠的星际空间，或许你该找个最近的恒星作为休息站，停下来**喝口水**或上洗手间什么的，可问题是，即便是最近的一颗恒星，距离太阳也有4.2光年那么远；即使是宇宙中运动速度最快的物质——光要抵达下一站，也需要超过4年时间。至于你，需要时间就更长了。就算以历史上移动速度最快的人类来计算，不花上**115000年**，你别想抵达比邻星。

距离厕所还有多远？

比邻星是一颗红色的矮星,是比太阳小得多、温度也低得多的天体。比邻星的表面温度大约只有太阳表面温度的一半,亮度比太阳暗500倍。即使比邻星是距离我们最近的恒星,在地球上,光凭肉眼你也是看不见的,但要是通过一台天文望远镜,你就能观察到一颗**非常耀眼**的点,好像是生气涨红了脸,或者说,看着像一颗发光的**番茄**。

另外,比邻星还有一颗行星绕着它公转(已知的有一颗,但说不定会有更多)。智利天文学家在2016年8月发现了这颗行星的存在。他们持续观察比邻星60个晚上后(其实到了第47晚应该就已经很无聊了,但他们坚持了下来),发现比邻星像骑跷跷板那样,每秒上下移动一米。问题来了——坐在跷跷板另一端的是谁?太空里没有跷跷板,也不可能有看不见的人坐在上面。肯定是有什么的东西利用自己巨大的引力让比邻星**产生运动**。天文学家因此意识到，那里肯定有一颗行星，于是他们将这颗行星命名为"比邻星B"。

通过仔细观察，对于那些远得根本看都看不见的东西，你能通过它们对周围事物产生的影响，了解到很多。

咻！

凭借比邻星B移动的方式，我们知道它的一年相当于11.2个地球日。它与比邻星之间的距离，比水星和太阳之间的距离近。这么说吧，你肯定会觉得上面很**热**吧。但比邻星比地球小得多，也冷得多，所以比邻星B上的气温也挺低的，约为-30℃。说不定它跟地球一样有**大气层**，能让上面的温度稍微暖和一点，地表甚至可能会有液态水，而如果有液态水，那么说不定会有**生命体**存在呢！

在比邻星B上的生命体可能跟地球上的生命体完全不一样，甚至植物也可能看起来不一样，因为比邻星是一颗红色的矮星，散发出大量红光，即在上面生长的植物应该是红色的，而不是绿色的——也可能是黑色或灰色的。

母亲节快乐！

这孩子，怎么能给我送这种花呢？

但我们没办法确认,因为我们一辈子也到不了那里,等阿波罗10号到达,也已经是117017年以后的事了,那时候我们早就不在人世了。到现在为止,依然没有一艘**宇宙飞船**的速度足以让我们实现在恒星间的旅行。

不过阿波罗10号也过时了。是时候让谁来设计一艘更好、更快、更酷的宇宙飞船了。别担心,科学家已经着手这事了。一群非常富裕,也非常聪明的人,包括俄罗斯亿万富翁(**非常有钱**)联手物理学家史蒂芬·霍金(**非常聪明**)启动"突破摄星"项目,旨在开发一款全新的、速度极快的,可实现在恒星间旅行的宇宙飞船。这款宇宙飞船会以光能作为能量来源。他们计划让这款新式宇宙飞船在4天内赶超人类最快的探索器旅行者1号,并在短短20年内抵达比邻星,但为了让这款探索器能以如此快的速度运动,它的质量必须只有1克,即大约一台智能手机里的电话芯片那么重。智能手机能为

你做很多事……但你没办法坐着它飞向太空。

他们的**计划**是在地面朝"突破摄星"探索器发射激光推动发射器。制造探索器的材质必须非常轻盈,而且**非常耐热**,否则没过多久它就**着火了**。除此之外,没什么**问题**了吧?

侯斯顿,我们还有很多问题……

但"突破摄星"的团队预计，在**未来20到30年间**，他们就能制造出这款航天器了，所以星际空间探索在我们有生之年就能实现。

与此同时，我们仍然继续寻找新的行星。

之前就提到过约翰内斯·开普勒，他值得我们再次提起，因为他绝顶聪明。他不但是第一个计算出行星绕着太阳以**椭圆形**轨迹运动的人，而且是第一个研究出天文望远镜的人，以及第一个为近视和远视者设计出**眼镜镜片**的人。他还为朋友写了本小册子作为新年礼物，题为"新年礼物——六角雪花"，那或许是有史以来名字最为优雅的一本小册子了吧，里面还第一次阐述了**雪花**的六角对称性。

❋ ❋ ❋

约翰内斯·开普勒：全能的男人

美国宇航局启动了一项在我们所处的银河系里寻找类地行星的任务，为了纪念他而命名为"开普勒任务"。开普勒空间望远镜上装置着一个经过特殊设计的**望远镜**，一直观察着150000颗恒星。当行星在它们面前经过时，会导致这些恒星**亮度**微微减弱，以此来寻找类地行星。至今，开普勒空间望远镜发现了超过1250颗类地行星。

这当中有的行星的运动轨迹，正如地球一样，处于"**适居带**"。即行星与恒星保持着刚刚好的距离，这让行星温度既不太热又不太冷，给生命体发展提供了理想的环境温度。进一步缩小目标，就可以看那到底是岩石行星还是气态行星，而就算是气态，那也有可能是行星的大气层，可能是一颗条件完美的候选星球。

我们或许无法确认这些行星上到底有没有生命体，即使有，我们或许永远也无法与它们沟通，但有了开普勒太空望远镜以后我们猜测，银河里说不定有着数十亿颗适合生命体繁衍生息的类地行星，因此，我们应该感觉没那么寂寞了吧。

仰望星空时，我们最熟悉的东西，应该就是"**星座**"了，人类从古代便开始对星座充满想象。天文望远镜的出现，让星座突然变得清晰，它们不再只是一个个发光的小点和图案了。接下来，我们来看看夜空中最容易辨认的形状，了解它们背后隐藏的故事。

猎户座

几千年前，人们还不知道星团和银河的存在，不懂爵士乐，观星者只是按照星光在夜空里形成的图案给星团命名。这些图案被称为"星座"。人类的大脑有一项独特天赋：在看似随意的模式里辨认出形状。人类还有另一项天赋：说故事，所以我们用各路神祇和妖魔之名给星团命名，并通过它们将各种神话和传说代代相传。

老实说，这感觉有点像你看着天空一片点，然后努力说服别人，那看起来像只兔子。有时候这方法行得通，像这一堆小点点，看着是真的有点像半人马，至少也像匹马吧，所以就成了"半人马座"——第一位半人马是半人马族的国王喀戎，被赫拉克勒斯的毒箭所杀！

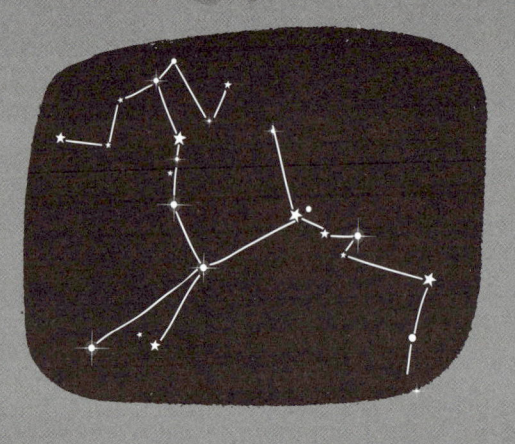

那这个又是什么星座呢?这个由几个点连起来的不伦不类的三角形是小狮座,顾名思义,像一只小狮子。

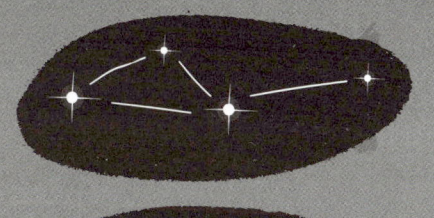

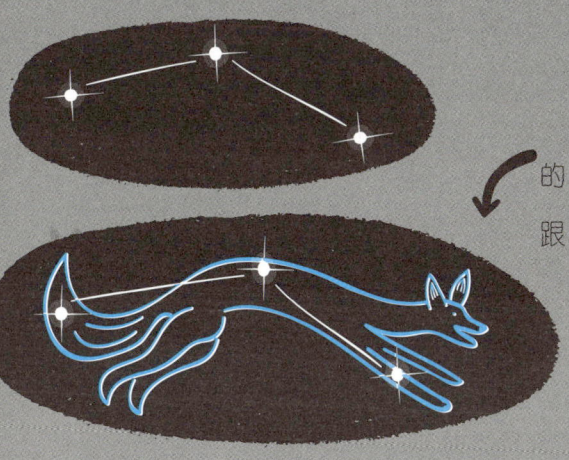

狐狸座是由三颗星组成的三角形,但看起来似乎也跟小狮座没太大区别。

还有一个也是差不多的,将三颗星连起来就形成了三角座,就是一个三角形。

到了**小犬座**，咱们的先人都懒得去慢慢想了。两个点而已！根本看不出来是一只狗，顶多就只有前腿上有颗星，至于弯曲的后腿什么的，完全都没有。

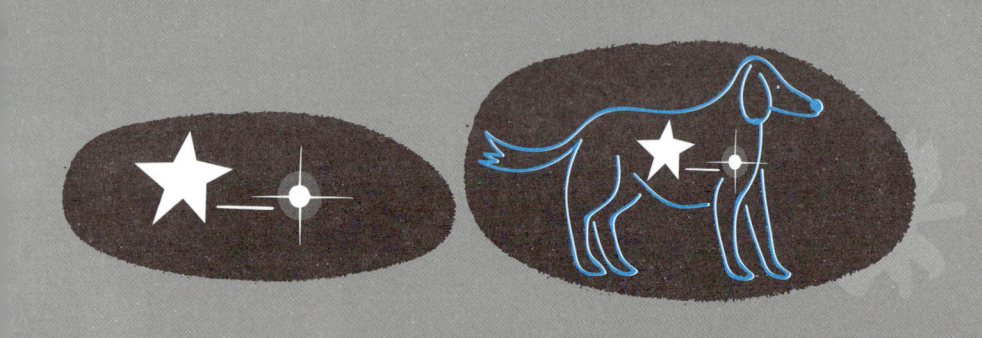

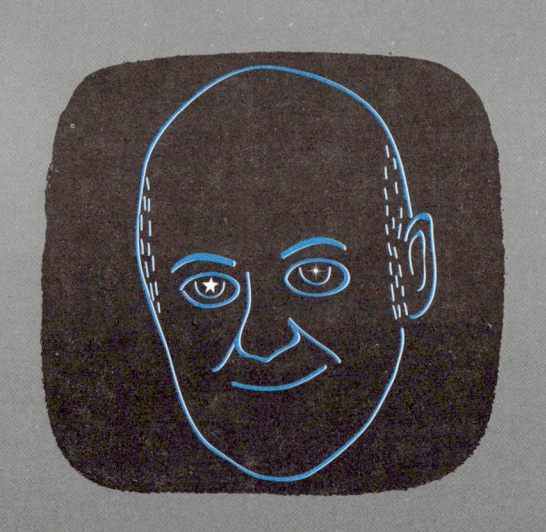

要是两个点就**足够**的话，那我们可以想象出来的东西可多了呢。

现在，天空中被正式命名的星座有 88 个。你在北半球（赤道以北地区）和在南半球（赤道以南地区）看到的星座是不一样的。要是生活在赤道上，则又是另一种景观。

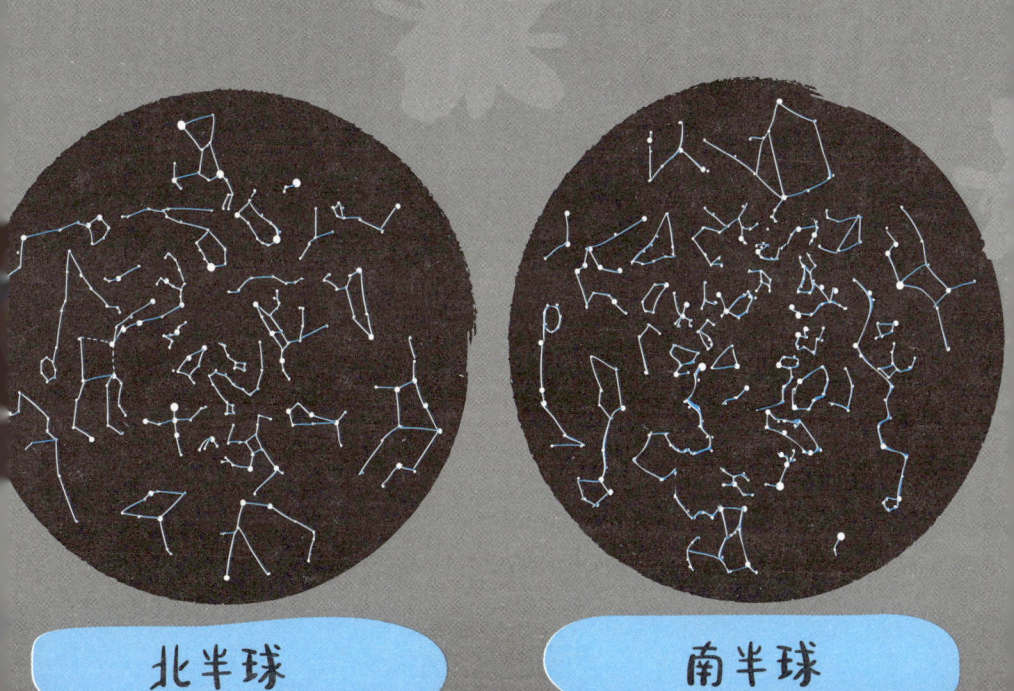

北半球

南半球

当人类还信奉着"天球论"的时候——认为恒星被画在一个包裹着地球的球体表面,我们以为星座就在彼此旁边,跟我们的距离是一样的。这当然不是事实。通常它们彼此间的距离不知道有多少千光年远。它们能排在一起正好让我们看到,靠的纯粹是运气。它们往往是差别**非常大**的恒星,有的体积很大,有的则**年龄**很大。有时候我们看到的非常亮的一点,甚至不是一颗恒星,而是与某些更有趣的东西聚集在一起的。

猎户座,一个充满了神话色彩的星座,便是一个很典型的例子。了解它也是一件很有意思的事。要是能指着夜空,清一清嗓门,像个**智者**一样宣布:"看那里,我想你应该能看到……"会是件让人印象相当深刻的事。猎户座是个让你给人留下深刻印象的不错选择。因为它在夜空的确很容易辨认。

找找腰带和垂在下面的宝剑。

一旦腰带和宝剑找到了，那么要找出它的脚和肩膀则非常容易，他抬起的手拿着根棍棒，另一只手则拿着猎物。关于猎户座的故事也很精彩。猎户座中的猎人俄里翁是海王波塞冬之子。他可是一位很厉害的猎手，可据说意外的是，他竟然是被一只蝎子蜇死的。天蝎座正好就在猎户座对面。当天蝎座升起时，猎户座就会消失在夜空中，就像藏起来了一般！

凭着自己的知识和对希腊神话故事的了解，在茫茫星空中找出了一个**星座**，肯定让人对你另眼相看了！你的科学知识绝对让人惊讶。猎户座里最耀眼的恒星是参宿七，它在猎人俄里翁的左腿上，也是夜空中亮度数第七的恒星。它的亮度是太阳的47000倍，距离地球大概800光年，而且**燃烧**得如此炙烈，以至于它看上去呈蓝色。

神的胳肢窝

猎户座第二亮的恒星是参宿四，是最早被古人类发现并被命名的恒星之一。参宿四的名字"Betelgeuse"并非什么古罗马之神，而是源于古代阿拉伯语，意思是"权重之人的手"，但往往被更有趣地翻译为"**俄里翁的胳肢窝**"。我比较喜欢后面这种翻译。

太空里没有除臭剂！

一年的大部分时间里，就算不用望远镜，光凭肉眼你也能在夜空中看到参宿四。它是夜空中亮度排第九的恒星，闪耀着红色的光芒。那是因为参宿四是一颗正在消亡的恒星——一颗红巨星。它跟地球的距离，大约只有星宿七与地球距离的一半——大约430光年。天球论不成立了。

估计从"巨星"这两个字你也能猜到，星宿四体积非常巨大，绝对的**巨大无比**！它的直径跟火星绕地球公转的轨道直径相当！

参宿四已经是垂垂老矣的恒星了。在接下来的100万年里——也许就在明天,它就会发生**超新星爆炸**。不过说不定它已经爆炸了,只不过我们还没看到而已。爆炸后的两周内,它会发出强烈的亮光，甚至与夜空中的月亮不相伯仲，之后便会消失。不过我们不会为此受到任何伤害，超新星只有在距离50光年的范围内，我们才会受到**波及**。超新星情景会相当壮观，但在那之后，可怜的俄里翁就得在没了一只手（或是在没了胳肢窝，这得看你问的是谁了）的情况下，想办法永远举着他的那根棒子了。

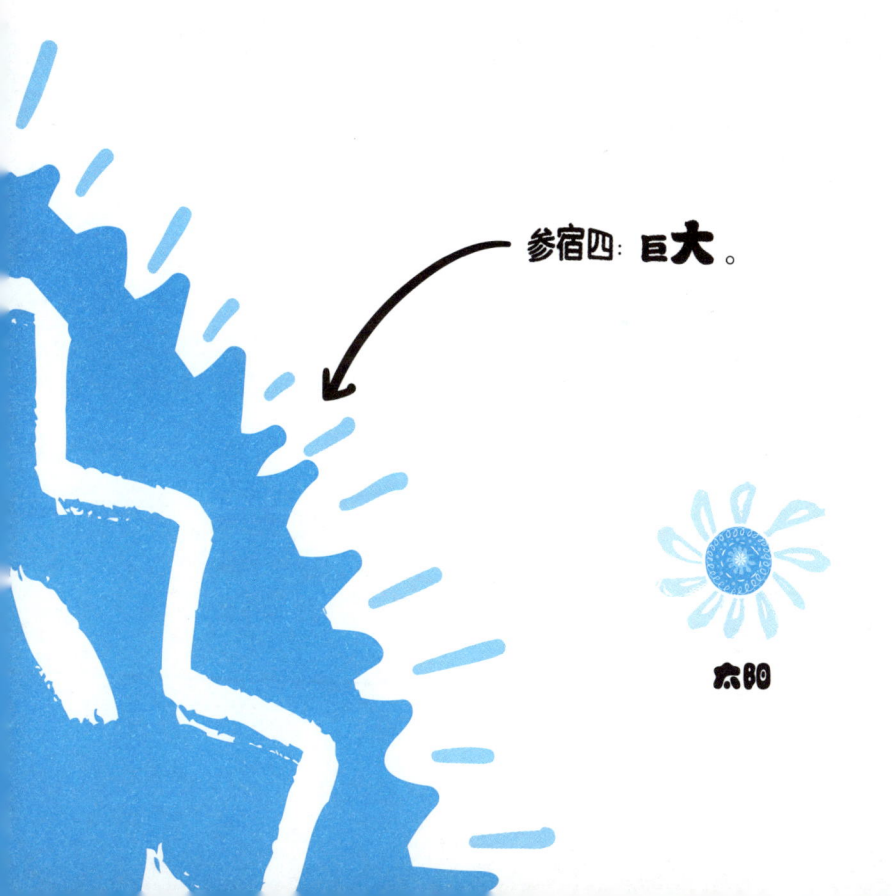

参宿四：**巨大**。

太阳

猎户座大星云
距离地球约1344光年

你对猎户座的认识让人们对你刮目相看。可是你知道的当然可不止这么多!

之前就说了,要想找到猎户座,就直接找连成一条直线的**三颗恒星**,那是俄里翁的腰带。另外,腰带下面还吊着三颗恒星——那是俄里翁的佩剑。

俄里翁的腰带

俄里翁的佩剑

俄里翁的佩剑当中最**亮**的一颗星，是中间的一颗，看起来有点**雾蒙蒙**的，仿佛你是透过一扇脏兮兮的玻璃窗看过去一样。要是你的房间像我的房间那样没怎么打扫的话，就能体会那种感觉了。那是因为，这颗雾蒙蒙的星星，根本就不是一颗**恒星**！它的温度比恒星低很多。其实那是一片**星云**，由炙热的气态云和尘组成，能孕育出恒星。猎户座星云是距离我们最近的恒星孕育区，即恒星诞生的地方。这一片星云的直径有24光年，长度有数百光年。天文学家认为，在那里面有着数以百计的处于不同发展阶段的恒星。让人激动的是，科学家在这当中观察到了行星的构成要素，所以在这片星云中，说不定会有像地球那样的行星呢。

开始倒计时了吗？

快了——再经过几颗红矮星就到了。

马头星云同样位于猎户座，是**太空摄影爱好者**群体里最受欢迎的摄影对象之一。每年10月下旬至11月上旬，天空中都会降下一场美丽的猎户座流星雨，届时还能看到很多双星，但你已经够让人印象深刻的了，所以还是给其他人留一点说话和表现的机会吧。

现在再回头看看早些时间我们写下的地址。还记得住在太阳系地球欧洲英国英格兰伯明翰希望街21号的那位可怜的老詹姆斯·布鲁克斯吗？

他还得在地址上多加几行字，才能百分之百确定能收到别人给他寄过去的生日卡。接下来就该写上咱们的银河系了。你肯定听说过银河系，毕竟它仿佛一块巨大的**淡奶油牛轧糖**。

太阳系
距离银河中心约30000光年

走出去仰望夜空观星，你看到的就是我们所在的银河系。肉眼可见的每一颗恒星，都在我们所在的银河系里。银河系里的其他恒星距离我们实在太遥远了，若没有太空望远镜，则不可能看得到。

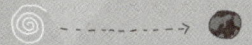

从银河系的中心到地球有30000光年。你肉眼能看到的星光，其实早在**石器时代**，古人在岩石上画画的时候就已经散发出来了。

涂鸦：在石器时代到处涂鸦是不会被罚款的

石器时代的古人在洞穴里画着他们的手印,将**猛犸象**赶尽杀绝的时候,他们或许也曾仰望星空,看向璀璨的银河。古希腊人肯定也会观察银河,银河英文名字直译是"牛奶路",正是因为古希腊天文学家觉得它看起来就像天空中**打翻了**一罐牛奶。

银河:

没必要为它伤心

现在我们知道,其实银河看起来更像一个闪闪发光的巨大的飞盘,而不是被打翻的一罐牛奶。这个飞盘直径大约有10万光年宽,1000光年厚,而且如果说银河是一个飞盘,那么太阳只不过是挤在飞盘边缘上的一只小苍蝇。跟宇宙里2/3的**星系**一样，银河系是一个所谓的棒旋星系。意思就是，在银河系的中心聚集了不少恒星，周围还有大量旋臂。我们生活在其中一个比较小的旋臂上——猎户座旋臂。

你在这儿

和飞盘一样，银河中间会鼓起，叫"**核球**"。这个核球中的气体和尘埃密度很高，以致没办法看穿银河系的中心，但我们知道，在银河系核心附近，是由尘埃和气体构成的射手座B2星云，里面有很多新星，也正在孕育着不少新星。构成射手座B2的其中一种分子是甲酸乙酯。地球上覆盆子的味道就源于甲酸乙酯。要是你能嚼一口射手座B2星云，应该就是覆盆子的味道，但不幸的是，这种行为可能会要了你的小命，因为那里面也含有致命的**有毒化学物**，叫丙基氰。果然，凡事都有好坏两面。

射手座B2：吃不得

银河系和飞盘的另一个共同点，是它们都会旋转。所以银河系才会有漩涡的形状。138亿年前的宇宙大爆炸形成了一团旋转的气体和尘埃云。银河就是在那里诞生的，而且自那时起，它就已经在旋转了。大部分的尘埃和气体最终形成了恒星和行星，那些恒星和行星也一直在旋转，所以从上往下看，就像是水从一个巨大无比的排水孔排走一样。

不过，银河也的确是在以另一种方式从一个孔里排走。银河系里的一切物质在旋转的时候因为引力作用，**彼此间不断越靠越近**，往银河系中心聚拢，但银河系要完成一圈旋转，得花上2.25亿年，所以要将银河系排干净，是需要非常长一段时间的。可最终，整个银河系还是会从宇宙中消失，被中央的一个**巨大黑洞**吸走的。

黑洞：巨大且可怕

黑洞是质量无比巨大的物质，以至于任何在它附近的物质，都会被它吸过去，而且绝对没有再逃离的机会——光也不例外。

还记得在这本书稍前面的章节里，提到引力的时候，我提到过不止一次的钱币吗？那个往中心一圈一圈转的钱币，跟太空里巨大的引力有点相似。要是钱币中央有一个黑洞，那个黑洞不会有任何漂亮的线条形状，就这么垂直往下，而经过那个点的物体，不管是钱币、博物馆馆长，还是手电筒照出来的光线，都会掉入黑洞中。

因为光线也无法从黑洞里逃离，所以你根本没法看到它。它不会留下任何痕迹让天文望远镜捕捉到它存在的证据。它不发光，不反射光线，也不会闪烁。就这么将所有光线彻底吸收干净，无痕无迹地存在于彻底的黑暗中。

黑洞的边缘称作"视界线"。那是一去无返的边界线。如果宇宙飞船过了这视界线，那么它不但绝对没有逃逸的机会，而且会被狠狠地拉成细长的线状。这个现象叫"意大利面效应"。发生如此可怕的破坏性现象，居然有这么一个搞笑的名字，也是很有意思了。

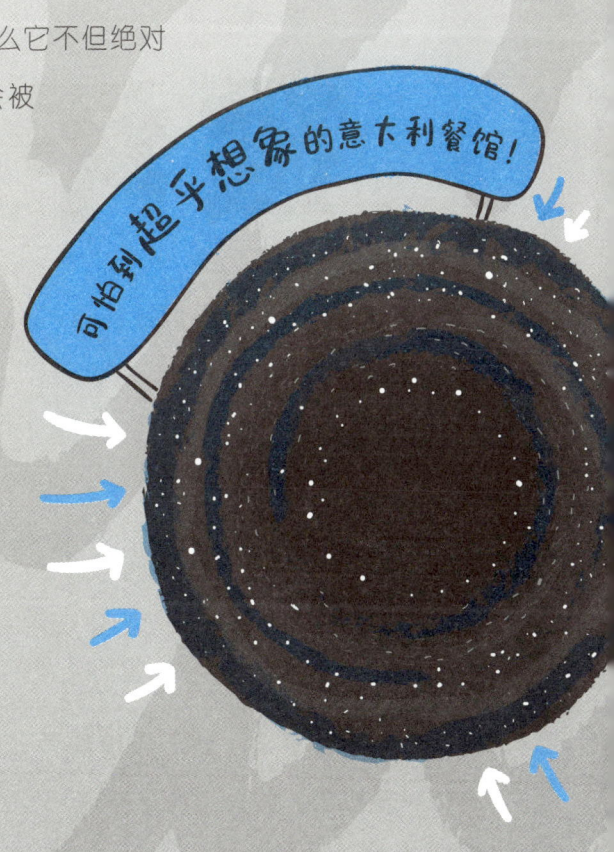

可怕到超乎想象的意大利餐馆！

就算是恒星，如果太接近**黑洞**，那么也会被撕裂成碎片，一切仿佛不费吹灰之力。我们能知道这些，是因为天文学家成功记录下了在距离27亿光年外的一颗恒星经历的这一噩运。

他们制作了一个视频，重现这颗可怜的恒星在生命尽头的可怕经历。那是一种让人震惊的彻底的

破坏性

仿佛在**自身爆炸**的同时被鲨鱼吞食。恒星的碎片一部分落入黑洞，另一部分以尘埃和气体的状态、以难以想象的速度往四面八方喷射，那速度足以毁灭与它迎头**撞**上的行星。

所以，尽管你看不到黑洞，你也绝对能看到在它附近的物体会落得什么下场。"普通"的黑洞是在有一定大小的恒星（大概太阳的**20倍**大小吧）寿终正寝时形成的，是这些恒星在燃烧殆尽时经历的最后阶段。持续不断的**核爆炸**能让恒星的引力受到牵制，如果爆炸一旦停止，那么这颗巨大恒星就会往自己内部坍塌，巨大无

比的物质缩在一个细小的空间内，形成密度极高的物质。

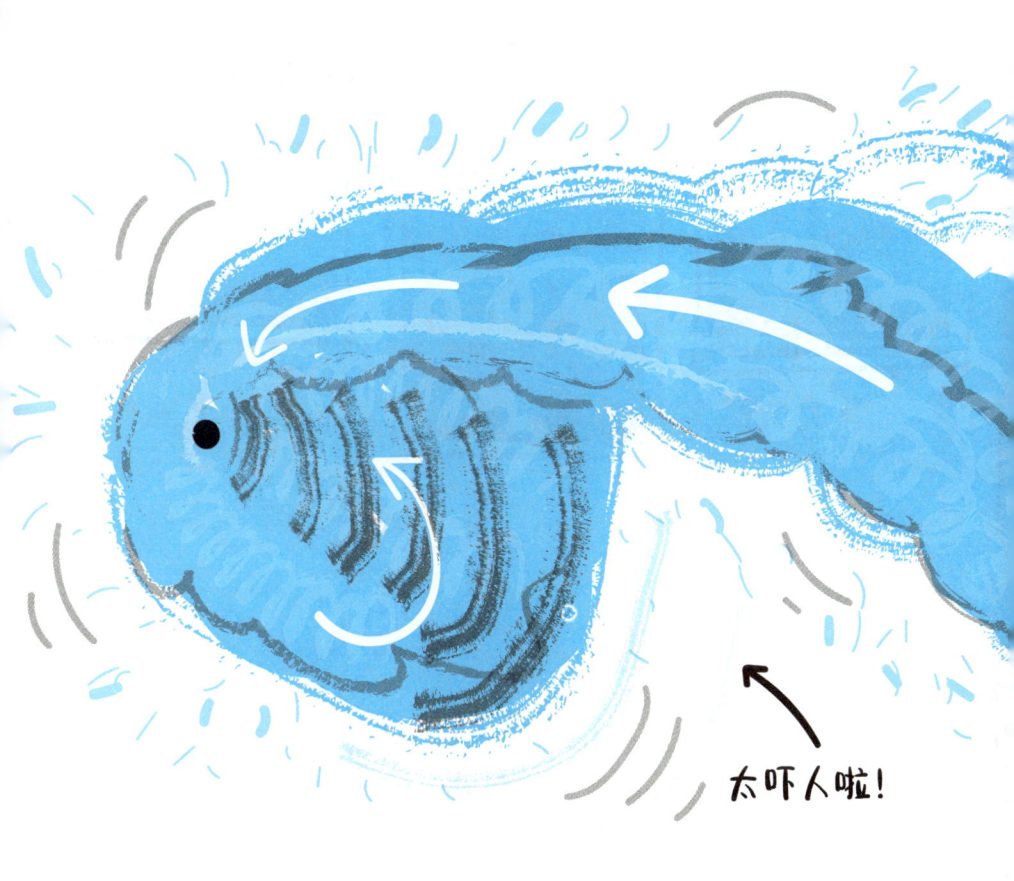

太吓人啦！

我们相信，宇宙中存在着"超级巨大"的黑洞，应该是在星系形成的同时形成的，质量可能等于 **400万个太阳** 的总和。科学家认为，每个星系中央都有一个超级大的黑洞，银河系也不例外，在它中央有一个超级大的黑洞将所有恒星和行星往里吸。

巨大的黑洞

黑洞

超级大的黑洞

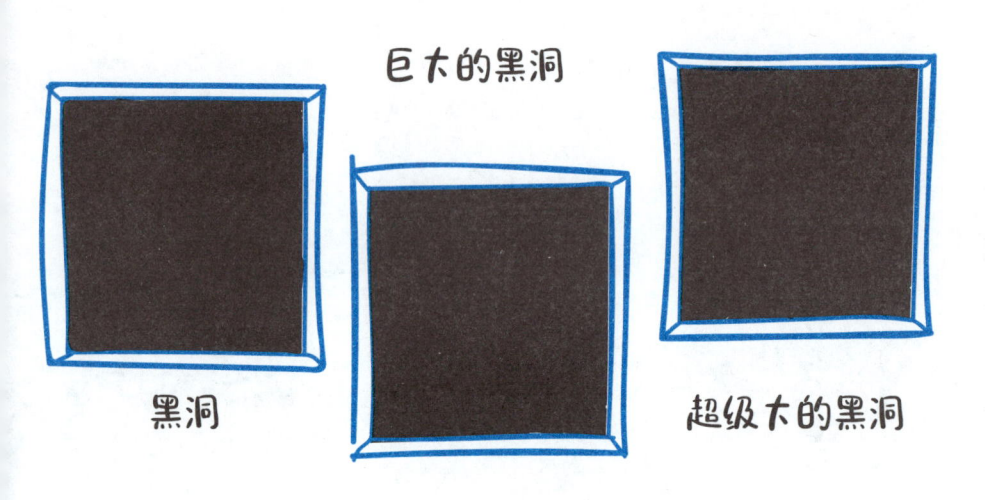

黑洞是宇宙里**毁灭性**最强、最让人**震惊**的事物了，让人敬畏万分。

仙女座
距离地球250万光年

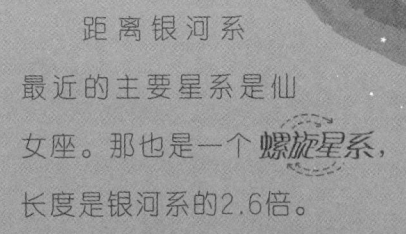

距离银河系最近的主要星系是仙女座。那也是一个**螺旋星系**，长度是银河系的2.6倍。

仙女座是夜空中最**亮**的星系，而且也是你能在不通过天文望远镜的情况下看到的最遥远的天体。它看起来仿佛是一片模糊的亮光，范围比满月稍微大一点。

仙女座距离地球250万光年，因为星系仿佛是在太空飞行的巨大飞盘，所以它距离我们的距离一直在缩减。银河系和仙女座在以每秒120千米的速度朝着彼此飞奔，约40亿年后，两大星系就会**相撞**。仿佛慢镜头看汽车相撞的过程，只不过就算你再想避免悲剧发生，也是无能为力的。

银河系与仙女座相撞，会产生很多新的恒星，那将会非常壮观，是一场盛大的派对！除了我们的银河系会在**碰撞中**彻底被毁灭这个事实之外，它还会和仙女座一起形成一个超级星系，尽管对于在碰撞过程中被甩出银河系的一切生物来说，这不是值得为之兴奋的事。

星系：危险驾驶的司机

如果你**记忆力**够好，那么就会记得我们说过，50亿年后，太阳就会爆炸，地球也会因此而遭受**灭顶之灾**。总而言之，在太阳爆炸的那个星期，从不同的星球抬头仰望，都会看到盛况空前的天空景观。

一辈子就等这一刻了

你应该在电脑上看过街景地图吧？你能从街景地图上看到自己的**房子**，但只要点一下"缩小"键，视角瞬间就变成从一百米高空俯瞰整条街道。如果再点一下"缩小"，那么视觉所处的位置变得更高，连周围**几条街**都能看清楚。现在，我们就准备多按几下"缩小"键，看看在更广袤的宇宙范围内，银河系到底在哪儿。宇宙中还有很多的地方有待我们探索呢……

本星系群

银河系和仙女座只是"本系星群"里众多星系中的两个而已。本星系群是指**众多星系组成的庞大星系集合**,覆盖区域的直径约有1000万光年。当你观察到本星系群时,你看到的光线其实是星系在人类还没进化出来的时候发出来的。

5000000×365天

本星系群发出的光,得花500万年,才能到达地球被我们看到,所以本星系群到底离我们有多远,这就是一个很好的说明了。

然而,就算是这样,这也只能算得上是个"本星系群",因为这些也只是距离我们最近的恒星。你能想象宇宙中的其他恒星距离我们到底有多远吗……(真的非常遥远)

曾曾曾……曾伯父艾尔伯特的肖像照

拉尼亚凯亚超星系团

要是能把地图缩小到从远处看向本系星群，你就会看见，我们的系群和大约10万个其他星系被包含在一个系团里。这个系团，叫"拉尼亚凯亚超星系团"。

超星系团是在宇宙中我们已知的最大结构，几乎无法说清两个超星系团之间到底相隔多远。2014年，夏威夷的科学家得出了新的超星系团制图方式，并首次制作了拉尼亚凯亚超星系团——那个我们称为**家园**的超星系团的地图。通过新的计算公式，他们认识到拉尼亚凯亚超星系团比他们之前所预测的要大得多——直径达5.2亿光年，质量是太阳的10^{17}倍。

5.2亿光年

拉尼亚凯亚超星系团朝着"巨引源"移动。没有人能看到巨引源,但它体积肯定很大,因为它的引力如此巨大。

我们觉得……
巨引源……应
该……大概……
在这里……吧。

远远看过去,拉尼亚凯亚超星系团仿佛一颗跳动的心脏,上面有数不清的动脉和静脉,每一根都是一串星系。

你在这里

巨大无边

这张图片里每一个小点都是一个星系。拉尼亚凯亚超星系团到底有多大，真的很难跟你说明白。所以这个超星系团才会被命名为"拉尼亚凯亚"——在夏威夷语里，意为"无尽的天堂"。这也是为了纪念几千年前的波利西尼亚探险家。当年，他们就是靠着天上的星星撑着独木舟横跨太平洋的。

但尽管拉尼亚凯亚的巨大已经超越了你大脑可以想象的范围，它也依然只是宇宙中极为细小的一部分而已。

真的，很小

GN-z11
距离地球134亿光年

2016年3月，科学家们发现了至今为止人类所发现的距离地球最遥远的星系，也是人类有史以来见到过的距离地球最遥远的事物。他们通过哈勃太空望远镜观察大熊星座，不断将镜头缩小，再缩小，就像你在摆弄新型的数码相机那样。结果，科学家们发现了一块红斑，仿佛谁在太空里洒了一点**草莓酱**。这块红斑，就是GN-z11星系。

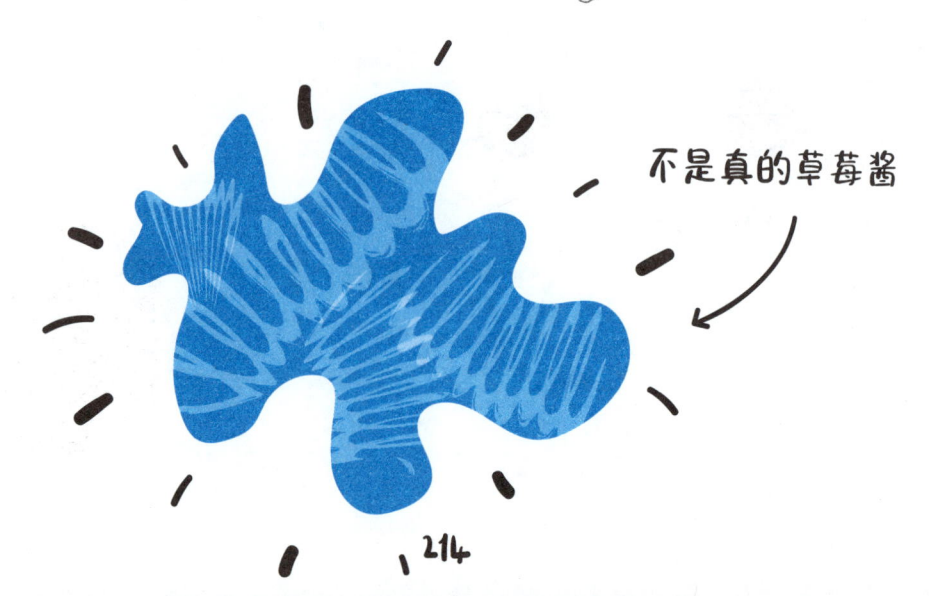

不是真的草莓酱

我们看到的GN-z11的光是134亿年前的光了。当你看向这个星系的时候，你看的是134亿年前的历史。

134亿年前的地球是什么样的？什么也没有。那时候甚至都还没有地球呢。地球在90亿年后才出现。我们现在看到的GN-z11的光，是宇宙形成4亿年后的光，那时候的宇宙，基本上也只能算是个刚开始蹒跚学步的**小宝宝**。

人类宝宝在大概2岁的时候开始行走和说话。他们表达自己的方式，就是将干巴巴的意大利面粘到纸上。那是他们的艺术。

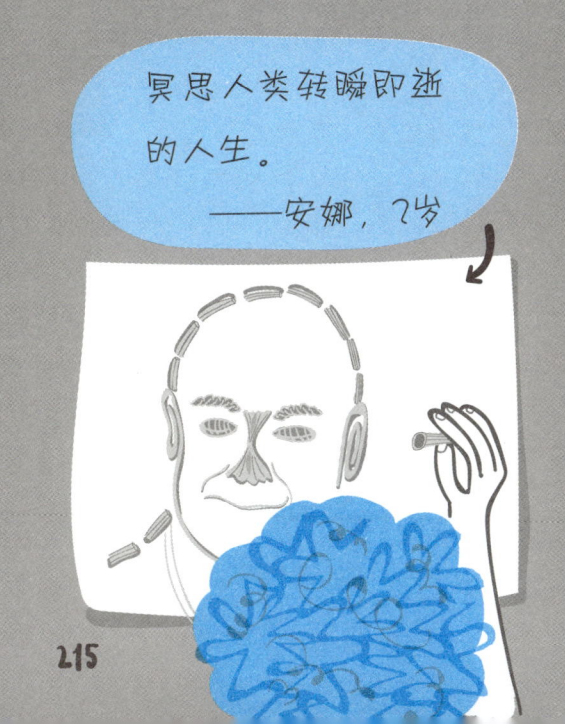

> 冥思人类转瞬即逝的人生。
> ——安娜，7岁

当宇宙还是个宝宝时,它也开始用创造性的艺术行为表达自我,但它创作的不是意大利面画,而是制作出第一批恒星。GN-z11有一点是非常奇怪的,那就是尽管在我们看来,它只是一个处于宝宝时期的星系,就恒星质量来说,只有银河系的1%,但它孕育出新恒星的速度,却比目前我们银河系孕育出新恒星的速度快20倍。相比之下,其他星系就显得非常懒惰了。它简直就是个**神童**!夜间的红移!天文学家的明灯!

科学家是如何计算出GN-z11距离我们有多远的?那是一道非常复杂的算术题。宇宙每时每刻都在往各个方向**膨胀**,所以计算的时候还得把GN-z11的光从星系出发,到让我们看得见的这段时间内,两个星系之间的距离扩张了多少计算在内。

我们没有如此长的尺子能精确地量度，所以这真的很复杂，不过科学家是通过光来计算距离的。他们是这样算的：

想象一台**消防车**从你家门前经过，一路开过来，警报器都在"呜呜——"响。随着消防车的接近，**鸣笛声**的声音逐渐变得尖细，而当消防车离开时，鸣笛声就会逐渐变得低沉。那叫多普勒效应，声波和光波的运动都适用。原理就是，消防车离你越来越远，声波的波长就变得越来越长。

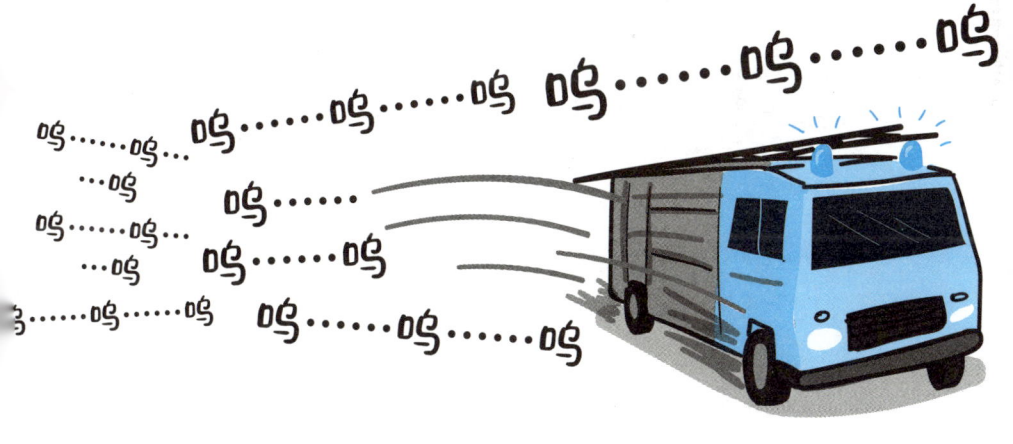

声波波长拉长，声音就会变得低沉。光波也一样——随着我们所在的银河系与GN-z11之间距离的拉开，光线变得越来越红。这种现象叫"**红移**"。

科学家就是通过计算光有多红来计算光波被拉长了多少的。红移度越大，距离则越遥远。

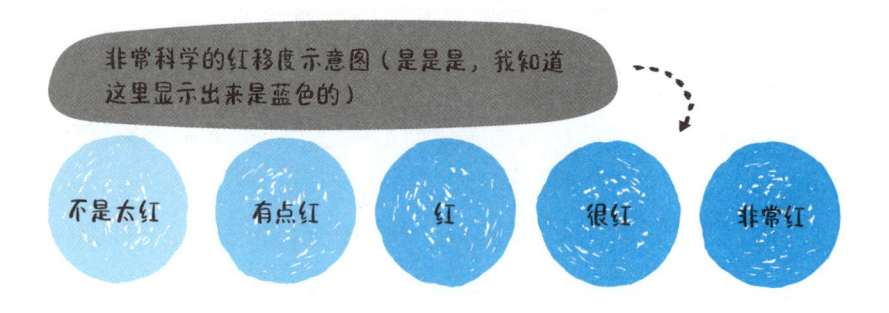

非常科学的红移度示意图（是是是，我知道这里显示出来是蓝色的）

不是太红　　有点红　　红　　很红　　非常红

在科学家发现GN-z11之前，红移度最高的是EGSY8p7。这是另一个星系的名字，虽然看起来像是**密码锁**的一个很复杂的密码组合。EGSY8p7的红移度是8.68，表示这个星系距离我们有132亿光年远，而**GN-z11**的红移度足足有 **11.1**，赢得毫无悬念。

科学家之前认为，发现GN-z11已经是哈勃望远镜的极限了，它没法看得更远，没法看到更古老的过去了，但在2021年，将投入使用的天文望远镜却让寻找更遥远的星系、看到更古老的时间有了新的希望。詹姆斯·韦伯太空望远镜，这个名字取自美国宇航局主导了"阿波罗"登月计划的第二任局长。

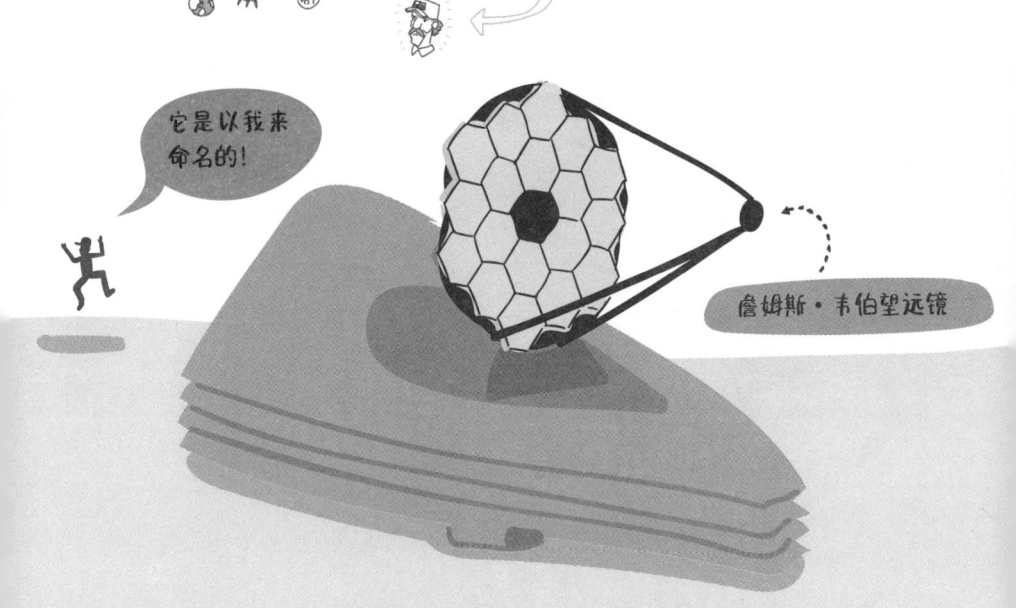

它是以我来命名的！

詹姆斯·韦伯望远镜

詹姆斯·韦伯望远镜就是为了观察红外线而设计的。红外线是波长比可见光要长的光，即，它可以看透阻挡了其他太空望远镜视线的由尘埃和气体组成的云团。詹姆斯·韦伯望远镜有一块6.5米宽的镜片，是有史以来发射上太空最大的一面镜子。它还能拍下更清晰的行星照片，像在互相玩自拍。

用不了多久,詹姆斯·韦伯望远镜就会给地球传送回来第一批照片。谁知道它会给我们带来哪些新发现呢?说不定我们在这里说了这么多,**有一半都不是正确的呢**。如果真是那样,那么我在这里提前给你们道个歉了,但也就只能道个歉了。除此之外,我也无能为力。

#好朋友# 无滤镜

天文望远镜不也让人类经历过这种**转折**吗？前一秒你还以为自己处在宇宙中心，行星只是画在头顶上的东西而已，下一秒原来你看着的那道光，已经有134亿年历史了。看见得越多，问题也越多。最后，你会发现自己问着一些我们或许永远也无法获得答案的大问题。

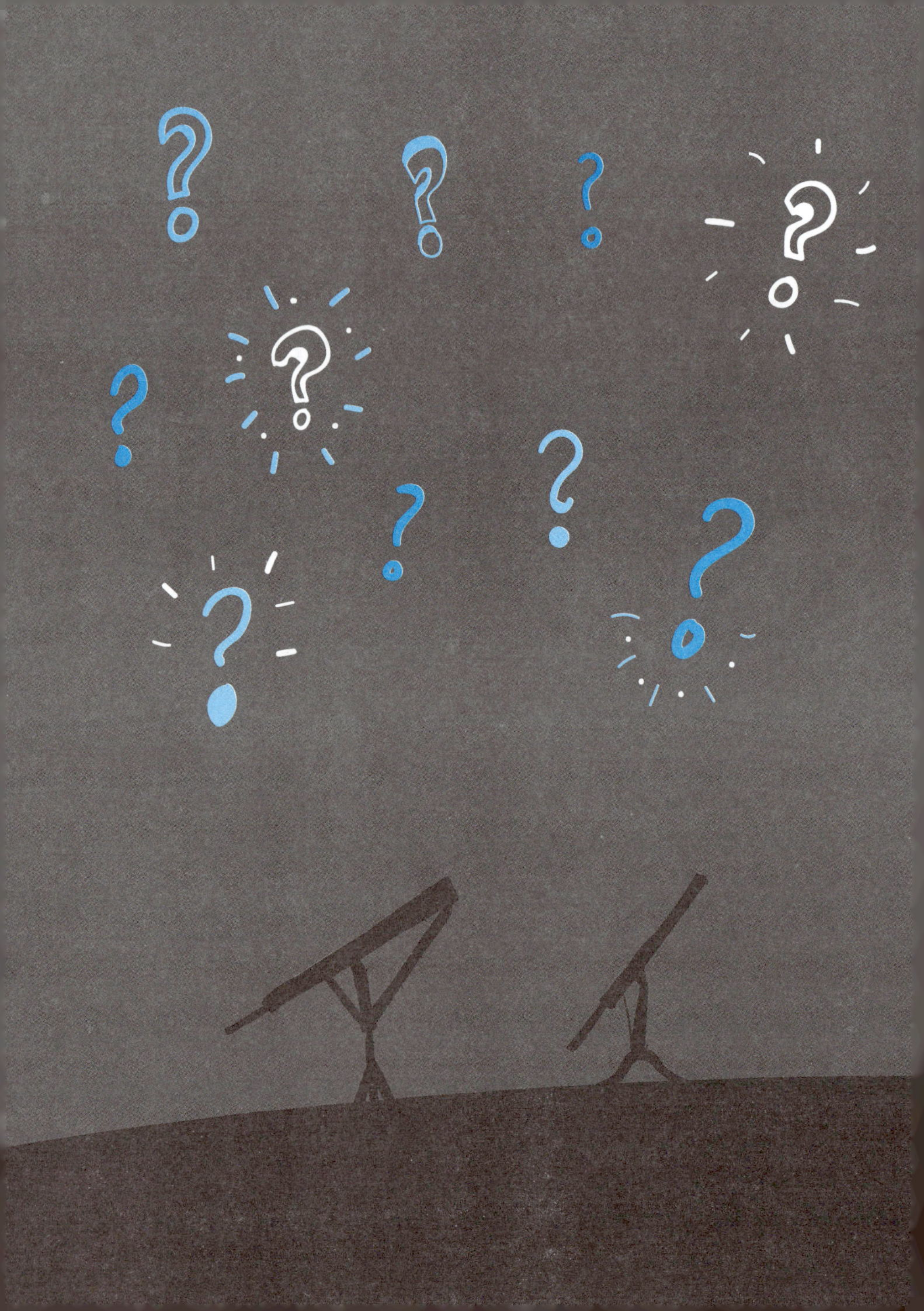

那些只能靠猜的事

哇！你刚从人类可以观察到的宇宙最边缘游历了一圈回来！

你也太厉害了！我们应该给你颁发一个**奖章**，在上面盖上"太空探险家—1级"字样。那绝对是一场几百年前人类无法想象的旅行。可怜的托勒密，如果他读到这本书，那么可能没看到一半就吓晕过去了吧。

> 看到引力那一章他的大脑就**爆**了。

关于**太空旅行**，我们基本上说完了。要是你**喜欢**的话，大可以忽略接下来的部分，直接跳到最后一章，看看那些之前我没来得及跟你讲的一些有趣的小知识。以后在跟别人聊天的时候，足以让你**语惊四座**了。去了一趟太空边缘，经历过一场恢宏的、让人身心疲累的旅程，终于临近完美的尾声了。

> 不知道你累不累，我反正是很累了！

但我觉得，说不定你还想知道更多……

要是你觉得这一章专业程度有点太**高**，也没人会怪你，毕竟这一章对于你来说，的确有点奇怪，也有点超纲了。但在没说完这些事之前,我算不上写完了这本**书**,因为这几件事情可是非常重要的。我们对这些问题还没有答案,或是说,我们还不能确定现在知道的是不是**真正的答案**,但我们也没有办法验证这些观点到底是对的还是错的。

这些问题包括:宇宙到底是如何形成的?宇宙到底有多大?宇宙到底是由什么组成的?宇宙将如何终结?

我们现有的答案或许听起来像是乱猜一通,但既然是猜的,也不能说它不对,不是吗?

靠猜或许听起来很不着边际,但只要方法用对了,其实会具有很强的科学性。牛顿那时说可以进行**太空旅行**,也只是在猜测而已。他拿一根针往自己眼球里刺进去看会发生什么事,也是在猜。不是所有猜测都带有科学性。乔尔丹诺·布鲁诺说**太阳**只不过是众多恒星之一,地球也只是众多世界之一,也是在猜。他没有方法证明自己的猜测是否属实。科学家说,天王星之外还有一颗行星,也是在猜测,因为他们看不见,只是通过计算结果知道在天王星外面还有一个**质量巨大的天体**,在我们看不到的地方影响着其他行星的运动轨迹。所有科学都起源于想法和猜测，然后才是最重要的一环——科学家通过实验来验证这个想法或猜测是否正确。如果实验无法证实这个想法或猜测是正确的，那么你就得承认它错了，不管那个想法或猜测听起来有多酷。

在这一章节里我要说的理论，有些已经经过验证，有可能是真的；但也有一些是无法去验证的，那么我们就从那个**最伟大**的问题开始说吧。

宇宙是如何开始的？

这个问题的答案对全人类来讲都非常重要——人类还拍摄过一套以这个理论为名的电视剧呢。

大爆炸理论 (THE BIG BANG)

大爆炸理论是这样的：在大约138亿年前，一片虚无，什么都不存在，甚至连空荡荡的太空也不存在——那里本应该有什么东西才对。那时候甚至连时间也不存在。一切都处于那么松弛放松的状态。如果你能找张椅子，那么就能彻底放松地躺着了，但你不可能找到椅子，因为根本没有这个东西。

然后，以一种**最不放松**的方式——**宇宙爆炸了**，没有任何明显的原因——整个宇宙被炸了出来。

一声巨响：砰！

非常大的一场爆炸，一如它的名字：**大爆炸**。

最开始，新的宇宙只是一个极小的点，叫"**奇点**"，比你在每个句子末尾看到的句号还小，可是就这么小的一个点里，包含了今天**整个宇宙里的一切物质**。里面有一切物质、一切能量，组成你和我的一切——切切实实的"一切"。那里甚至还包含了整个空间和时间，还有将所有物质聚集到一起的力量，如重力、电力和磁力。所有的一切，都被**压缩**在一个极为细小的点里。

一切尽在其中

在百分之一的一万分之一的万亿分之一秒内（总之就是非常迅速），宇宙**膨胀**成这种大小：

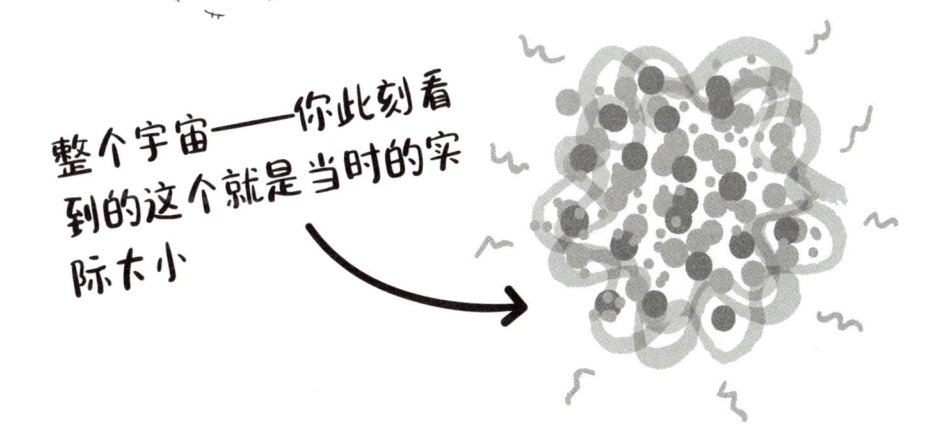

整个宇宙——你此刻看到的这个就是当时的实际大小

再经过短短几秒，通过**爆炸**膨胀成一个星系的大小，之后便不断*膨胀*。

大爆炸

激烈

不过关于宇宙出现几秒后是怎样的，我们倒是知道：类似沸腾滚烫，糊得像沥青一样的一碗汤。大概三分钟后，最初的物质开始形成——"亚原子粒子"：质子、电子、中子、光子和中微子。经过大概16分钟后，现今所有的物质微粒形成了，在仿佛一锅有着滚烫浓汤的液体里四处游走。

但宇宙中组成万物的基本组成——原子,还要再等380000年才出现。在那之前,宇宙热得无法让任何物质长时间存在。它甚至热得让光线也无法发光。光线被封锁在四处游走的电子里。

之后,这锅滚烫的浓汤逐渐冷却,原本四处乱飞的亚原子粒子也突然放慢速度,然后"砰"第一个原子出现了。光不再受困于电子之中,**虚无黑暗中**绽放出第一缕光线,一如我们今天能看到的光。

宇宙微波背景

宇宙大爆炸遗留下来的**热辐射**，被称为"宇宙微波背景"。

1963年，**美国天文学家**阿诺·彭齐亚斯和罗伯特·威尔森，在试图捕捉银河发送出来的无线电波时，偶然发现了宇宙微波，这是人类第一次发现宇宙微波。当时，他们只是觉得，背景的静电噪声似乎从各个方向涌过来，这让其觉得很烦。他们尝试了各种方式去消除静电噪声，但不管是对各种仪器进行调试，还是利用液态氦让仪器**冷却到零度以下**，都行不通。恼人的静电噪声还是没一刻消停。他们甚至都在怀疑是不是望远镜里藏了只**咕咕叫的鸽子**。他们将望远镜彻底清理了一遍，连根鸟毛都没有，但噪声还是在那里。最终，排除了一切可能性后，他们得到了一个**惊人的发现**：这种恼人的静电噪声是由宇宙大爆炸产生的辐射造成的。他们因为这项重大发现而获得了诺贝尔物理学奖，而当年，他们打算拿来捕鸽子的诱捕器，现在还陈列在美国首都华盛顿的国家航天航空博物馆里。

宇宙微波背景是既能听到，又能看到的——打开一台没调试好的电视机就行了。旧式的黑白电视机"嗤嗤嗤"的声音中有1%是宇宙诞生时遗留下来的静电。那是至今还存在着——在宇宙年仅38万岁时突然迸发出第一道光亮时残留着的**辐射**。

这不是宇宙的创造神。

除了《观星指南》《机器人大擂台》外，你在电视机里能看到的最有趣的东西。

但宇宙觉得自己有点太冒失了,所以又后退了一下,在很长一段时间里重新退入黑暗时期。这段时间内宇宙中不存在任何能发光的物体——没有恒星、没有火、没有鞋底会发光的球鞋。在几亿年的时间里,宇宙没有任何值得一看的东西。

大概过了8亿年后,重力开始将物质拉拢,第一批恒星诞生,从此拉开了成星代——恒星时代的帷幕。

银河系形成于约130亿年前,而在约46亿年前,死星的灰烬形

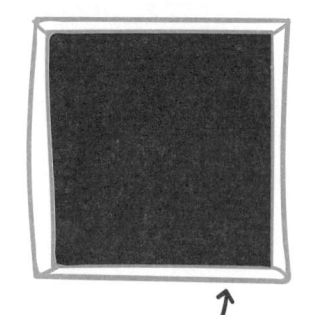

早期的宇宙没什么好看的

成了**太阳**。我们繁衍生息所需要的一切——行星、氧气以及所有的一切都是由死星而来的。

幸运的是,成星代还没结束,我们只不过是处于成星代的中期。如果成星代结束了,那么太阳将不复存在,那将会是非常可惜的事,因为届时将不再有人类生存在世上。

现在我们来问另外一个伟大却又无解的问题:

成星代(像这样)

黑洞里面到底有什么

时间与宇宙同时诞生，空间与时间从根本上是相结合的。第一个意识到这一点的人，是伟大的犹太裔物理学家艾尔伯特·爱因斯坦。因为他绝顶聪明，所以现在人们用他的名"爱因斯坦"指代天才。他还是第一个意识到物质和能量是同一事物的两种不同形式，能量能转化成物质，反过来，物质也能转化成能量。他甚至通过质能方程式解释了物质、能量以及光速之间的关系。没准这个公式你已经见过了。

$E=mc^2$

我忘记把能量算进去了。

物质也没算进去。

$E=mc^2$这个公式想要表达的,是即使是质量很小的物质,也蕴含着**巨大能量**,因为"m"(质量)乘以的,不仅仅是光速"c"(一个非常庞大的数字),而且是光速的平方,也就是"c"乘以"c"(这就得出了一个非常大的数字)。现在你想象一下,要是我们释放了某一物质里的能量会如何?例如,**核爆炸**。

那会是一场非常大规模的

爆 炸。

$E=mc^2$是方程式历史上最著名的方程式之一。对于第一次大学入学考试没通过,学校报告中被写下了"爱因斯坦永远成不了才"这样评价的人来说,可是相当不俗的**成就**了。

他还提出了,没有任何物体移动速度能比光速快——即使是本身运动速度非常快的物体上发出的光线,比如,飞速奔驰的汽车的车头灯发出的光线,也不可能。

还是宇宙

错	对
爱因斯坦永远成不了才。	没有任何物体移动速度能比光速快。

爱因斯坦还有一头造型奇特的头发、有个性的胡子,他还拉得一手相当不错的**小提琴**。真的是没人能比他更多才多艺了。

更多宇宙

空间-时间

话又说回来，时间和空间这里。空间是三维的，即，你得通过三个维度量度物体的大小。一维物体就像是一条线。

← 一维

二维物体有长和宽，例如，一个画出来的**正方形**。

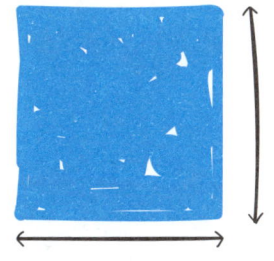

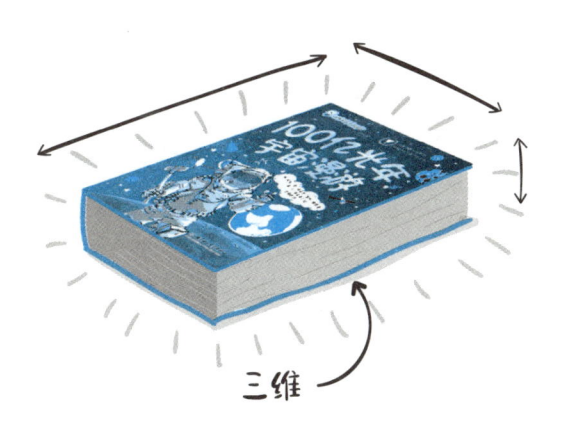

二维

世界上在你周围的物体都是三维的。他们除了长和宽外，还有**高度**。

三维

还是宇宙

但爱因斯坦说了，要解释物体如何在空间里运作，我们就需要将三维空间结合第四维度：**时间**。时间是你讨论事件在空间里发生时的重要维度。试想一下，如果你打算和朋友去某个地方的**电影院**，那么在这里，你有了完美的三维空间，然而，如果不配合时间维度，那么你将和朋友错过时间，无法见面了。

爱因斯坦说，我们实际上是生活在一个叫"**时空**"的四维空间里。感觉有点像一张无限延伸的毛毯，像这样：

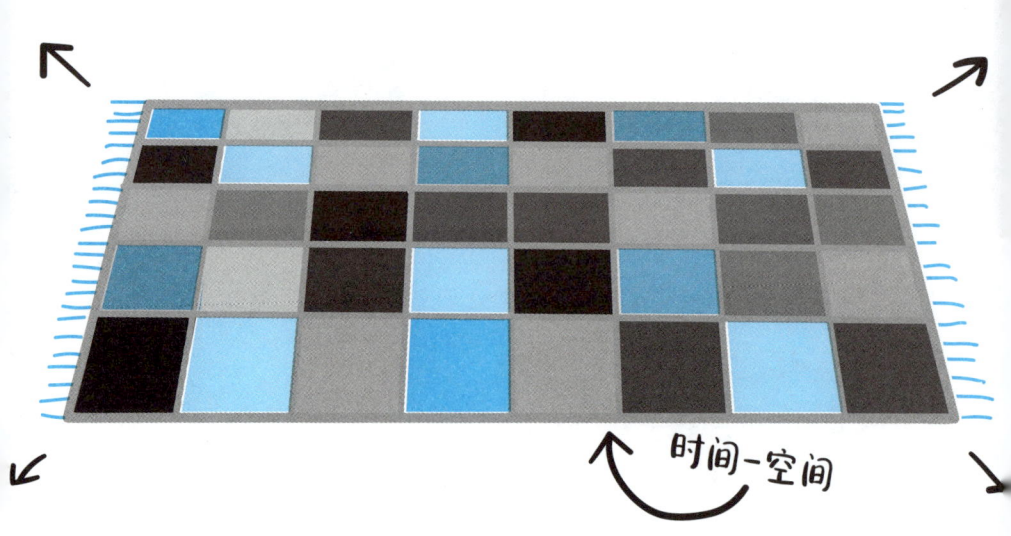

时间-空间

物质和能量就像毛毯上的球，让毛毯变得凹凸不平，像这样：

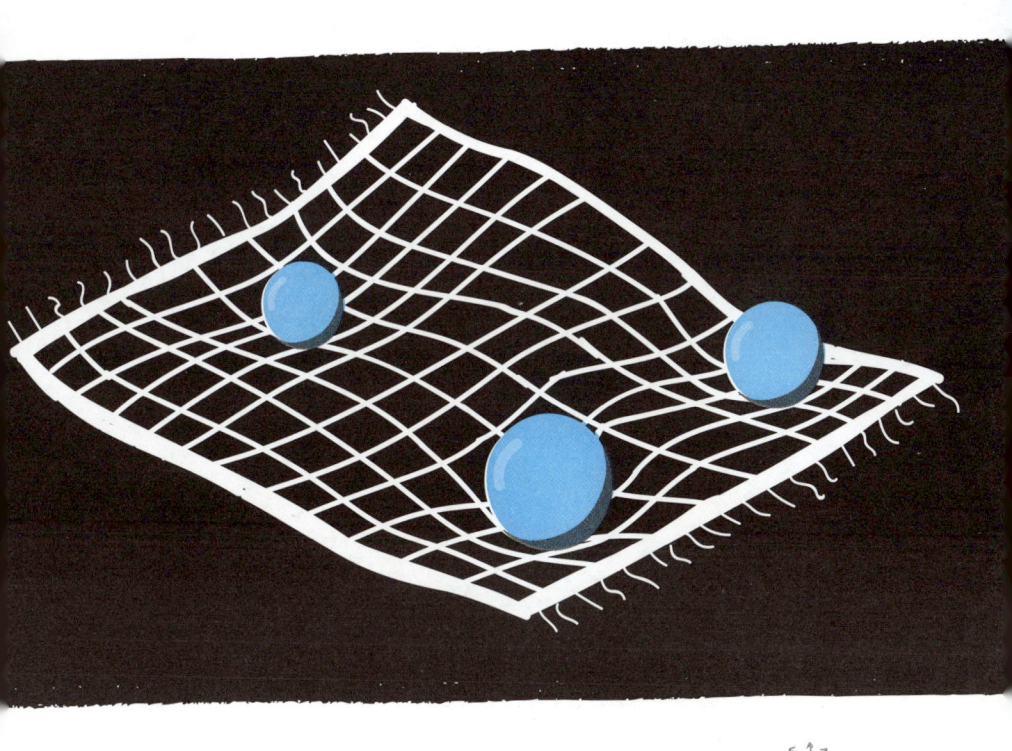

爱因斯坦说过，由物质和能量产生的引力造成了**时空扭曲**。这又不得不提在博物馆里的那枚硬币了。其实，一直以来我们讲了那么多，说的都是爱因斯坦的**相对论**，只不过没有明明白白说出来而已。就算把前面的章节拿给艾萨克·牛顿看，他也不会懂我们到底在说什么的。

关于**相对论**，有一些很有趣的事实。首先是关于引力，它不但影响着实际的物体，例如保证八大行星绕着太阳转，把你往地面上

发生什么事了？

牛顿读了关于黑洞的论文，然后晕倒了，还压在了托勒密身上。

↑
这里还是宇宙

扯，让你不会飘浮在半空中，它还能**扭曲时间**。举个例子，人造卫星上的时钟走得比地球上的快，因为地球上的时钟承受着更大的引力。因为人们在方方面面都需要人造卫星

的协助。例如，在车里用的**卫星定位系统**，所以我们得时时刻刻给太空里的时钟校准时间，否则整个系统就会发生混乱，运作不了了。

这么大的引力从哪里来的？**黑洞**。黑洞是由质量极大的物质形成的。例如，一颗死星，坍塌时将时间与空间往自己身上扯。黑洞的中央质量是如此巨大，引力也无比巨大，以至于时空被彻底**扭曲**。物质的一般定律在那里不再适用。我们没有办法知道在黑洞中央是什么样的，说不定会是想象不到的**怪异**。有科学家认为，要是你能**活着游历完黑洞**，你很可能有能耐穿越太空里的"**虫洞**"（打破没有任何物质的移动速度可以超越光速的法则）到宇宙的另一个未知领域旅游了，但也有可能你一靠近黑洞就会被**苗花**，像被扔进垃圾车的垃圾袋那样，一下就被压扁了，但除了真的进入黑洞去转一圈，我们没办法知道里面到底是怎样的，但同样地，（就

目前我们所知）也没办法能有人活着回来告诉全人类，里面到底是怎样的。

不知道到底是否能存活

无须惧怕黑暗

我们越是拉远距离观察更广袤的宇宙，脑海里就会冒出越多的疑问。很多星系用一种难以解释的方式在运动。

后发座星系团是数量庞大的星系的集合体，有点像上一章节提过的本星系团。后发座星系团距离地球约3.2亿光年，所以我们现在看到的后发座星系团的光，从地球上的生物才刚离开水，开始了陆生生活，就已经从那里出发了。那时候还没有猛犸象，没有恐龙，我们认识的事物几乎都还没出现。换个说法吧，来自后发座星系团的光线好比**一包饼干**，到我们手上的时候已经过了销售日期了。

观察后发座星系团的天文学家发现，在里面的星系移动速度太快了，已经超越了通过它们自身引力引起的速度。这样给你解释原因吧：你坐在车里，手里拿着包**糖果**，包装打开了，车子绕着环岛不停地转。这时候最好先别拿糖果吃，因为你会把它们撒得到处都是。像这样：

我没想到会是这样的。

考虑到后发座星系团的旋转速度，里面的恒星就该像这些糖果那样，前后左右四面八方地往外飞，但它们并没有，因为中间有什么不知名的物质把它们往星系团的中心扯了回来。瑞士天文学家弗里兹·扎维齐是第一位观察到这个现象的人，并认为里面肯定有什么神秘的**质量巨大的物质**束缚着所有恒星。他管这种神秘物质叫

弗里兹·扎维齐：人很酷，名字也很酷

"暗物质"（**dark matter**）。实际上他描述这个词时用的是德语"dunkle materie"。

暗物质有一种引力，但它跟普通物质与我们作用的方式并不一样。**暗物质**是看不到、闻不到，也感受不到的东西。而且质量很大。现在，我们认为，暗物质的质量比"普通"物质的质量的五倍还多。那甚至可能不算宇宙的一部分。那是一个永远无法看到的，弥漫在地球周围，范围广袤，质量巨大的**幽灵宇宙**。

我们一直都在说"**宇宙**"。但宇宙到底……

只有一个,还是有好几个?

不同人对"宇宙"有不同的定义。有人觉得宇宙就是"存在着的一切事物",但也有人觉得,宇宙应该是"我们已知存在的一切"。

这本书里介绍的是"可见宇宙"。因为我们在这里面说的,都仅限于**肉眼可见**的,而这可能跟真实存在的还有非常大的差距。

我们估算宇宙年龄有138亿年。这是根据**宇宙膨胀**的速度（这牵涉到之前说的红移）算出来的，然后，把时钟退回**宇宙大爆炸**。那样我们就得出了一个确实的宇宙年龄了！我们真厉害！

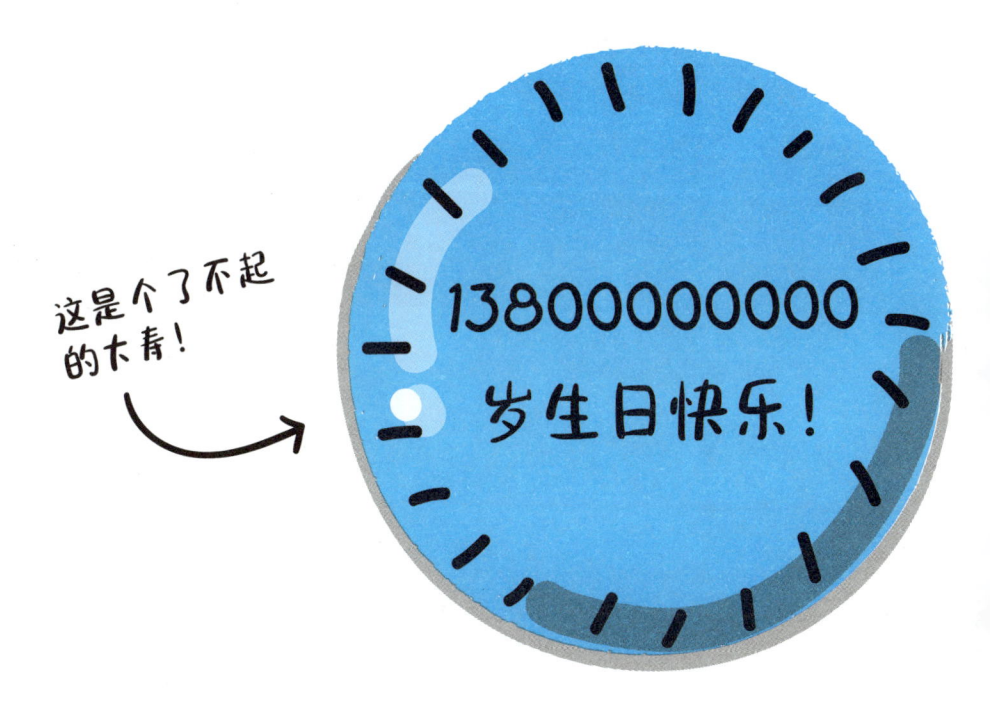

这是个了不起的大寿！

13800000000 岁生日快乐！

但这数字也在提醒着我们**肉眼**有限的可见范围。我们只能看到其光线能抵达天文望远镜的物体，即最多也只有距离我们138亿光年远的星系发出的**光线**，能让我们看到。或许，还存在距离比138亿光年更遥远的星系，但我们现在还没有办法知道，还在等着它们的光线抵达地球。

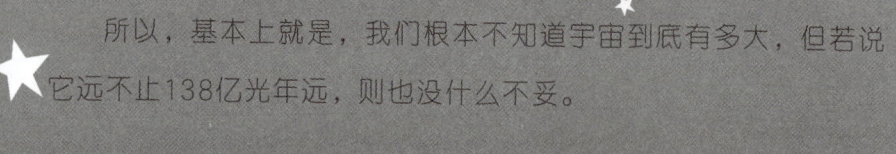

所以，基本上就是，我们根本不知道宇宙到底有多大，但若说它远不止138亿光年远，则也没什么不妥。

这个你就别担心了，反正他们永远不会知道。

因为看不到（可见）宇宙之外的东西，所以我们也没办法证明外面没有更多其他的宇宙。关于**多重宇宙**和**平行宇宙**，有各种理论。这些理论不是科幻小说的粉丝等不及下一季《神秘博士》而无聊得虚构出来的，而是货真价实的科学家总结出来的**实实在在**的可能性。

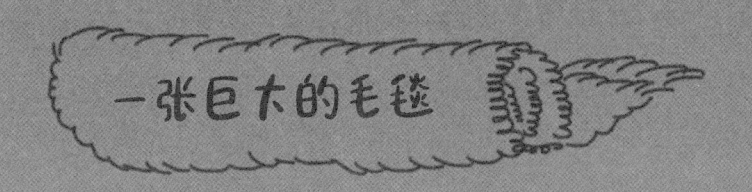

一张巨大的毛毯

从知道了天上的星星不是画在头顶天花板的装饰之后，人们就开始好奇太空是否一直无限延伸这个问题。部分科学家认为，它应该是一片卷起来的毯子，虽然不是无限大的，却没有边界，而且把自己包了起来。

如果太空是以这种形式**卷起来**的，如果你看得足够远，那么最终你将会看到自己的后脑勺。听起来有点像环球旅行——既没有边界，也没有角落，你可以一直不停地走下去，但我们知道地球不是无限大的。

目前的证据似乎是偏向于宇宙不是卷起来的，而是平展且永无尽头的，就像**拼接起来的毯子**。如果是那样，那么你就能一直往前走，永远也不会回到同一个地方。如果宇宙好比一片无限宽广的毛毯，那么我们的可见宇宙就只是这片无垠的毛毯上的其中一个拼接块，于是你可以把这片无垠的毛毯分切成无限相似的板块。每一个板块跟我们所在的可见宇宙差不多大小。

太多宇宙了

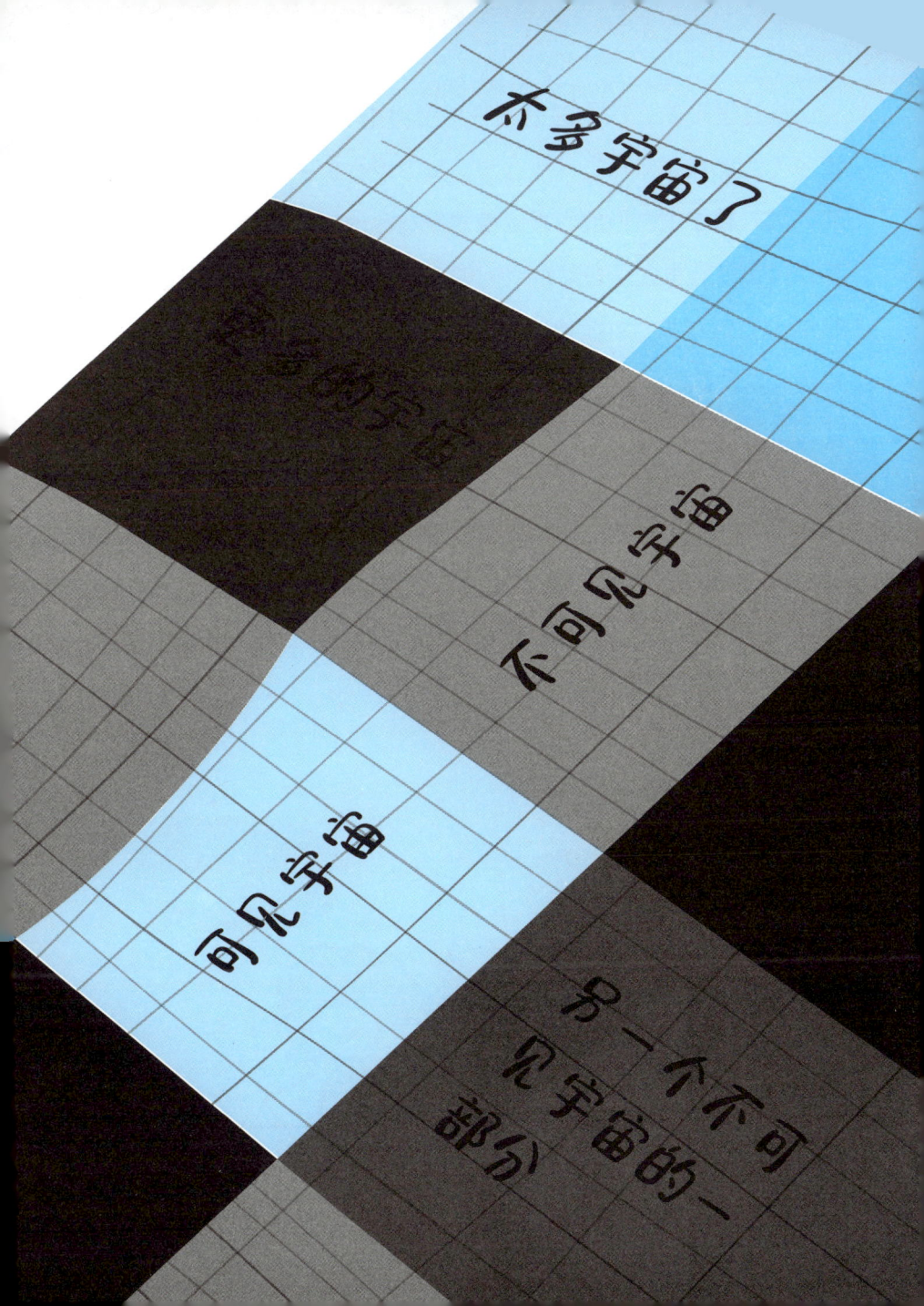

更多的宇宙

不可见宇宙

可见宇宙

另一个不可见宇宙的一部分

从这里开始,这个理论就开始变得**非常有趣**了。如果时空的毯子无止境地延伸开去,那么到了某个点,毯子的模式就会出现重复,因为**粒子**组合形成物质的模式是有限的。这就意味着,可能在其他行星系统里会存在着跟我们的地球一模一样的行星;可能会有数以亿计的跟我们所在的地球只存在些微差别的,几乎一模一样的地球,以及数以亿计的**你**。

在那个地球上,所有的一切几乎一模一样,只不过那上面的你非常喜欢**西兰花**,而现在的你非常不爱吃西兰花;你在这个地球上的考试里答错了的题目,而在另外一个地球上的你却将它回答**正确**

来,吃吧,鲍勃。

奶奶,帮我把**盐**递过来可以吗?

← 真实的科学可能性

了,拿了高分,或是把头发染成蓝色,却管这个发型叫《老友记》里的"乔伊的菠萝头"。另外,还可能有一个全世界都说法语的地球,或物种只有河马的地球,或把"奶奶"叫成"鲍勃",但其他所有人都叫成"奶奶"的地球。如果真的存在**无穷的宇宙**,有着无穷的区别,那么我之前描述的**平行宇宙**也就很有可能存在了。我知道这听起来很疯狂、很神奇,也很怪诞,不过从科学上来讲,是完全合理的。

泡泡宇宙

如果说在我们持续膨胀的气球一样的宇宙外还有其他东西呢？那看起来会是怎样的？泡泡宇宙论就是其中一个理论，它指出，在无限的宇宙海洋里，有一个又一个小小的泡泡，每个泡泡都是一个持续膨胀的宇宙，而我们所在的宇宙只不过是其中之一。

泡泡宇宙论：对冲浪巨人来说非常有吸引力

然而，我们又会问了，在宇宙这片苍茫之海的外面，还有什么呢？会有巨大的海滩吗？看来你的想象力跟我有的拼了。没错！就是这样！我不是跟你说了吗，事情会变得非常诡异。

宇宙之终

再好的事总有个**尽头**，包括这本书。

好东西 →

不过所有不好的事也总有个尽头，谢天谢地！你不需要再忍受关于恒星的笑话。所有一切都有个终点，即使看上去仿佛永无尽头的事，比如从伦敦驾车到爱丁堡，比如三角函数，比如你说了个烂笑话之后的一片沉默。尽管是宇宙，最终也是会有尽头的……应该有的，而看到这里，要是我告诉你，没有人知道宇宙最后会如何终结，估计你已经不会觉得奇怪了。以下是关于**宇宙终结**的一些**最热门的理论**。这些理论在那些喜欢看真实事件改编的**恐怖片**的人群里,是**相当受欢迎的**,但对我来说,没有任何一个理论是有趣的。

大坍缩

大坍缩论跟**大爆炸论**是相对的。

当你想象宇宙是如何诞生的时候,它始于一个体积极小但密度极高、温度极炙热的气态球体。这样,你就能发现,那其实跟一颗恒星有很多共通处。跟宇宙一样,随着年龄增加,恒星会变得**越来越大**,温度也**越来越低**。最终,一个极其巨大的恒星由于其自身引力坍塌而形成一个黑洞。

如果宇宙跟宇宙中最巨大的恒星有那么点相似,那么它终结的方式就可能跟巨大的恒星消亡的方式一样。宇宙的**引力**太庞大了,或许有那么一天,所有引力会往内坍塌,形成一个超级黑洞。更确切地形容,是一个"**黑火山坑**"或"黑虚空",或"无人想前往的黑色灾区"。

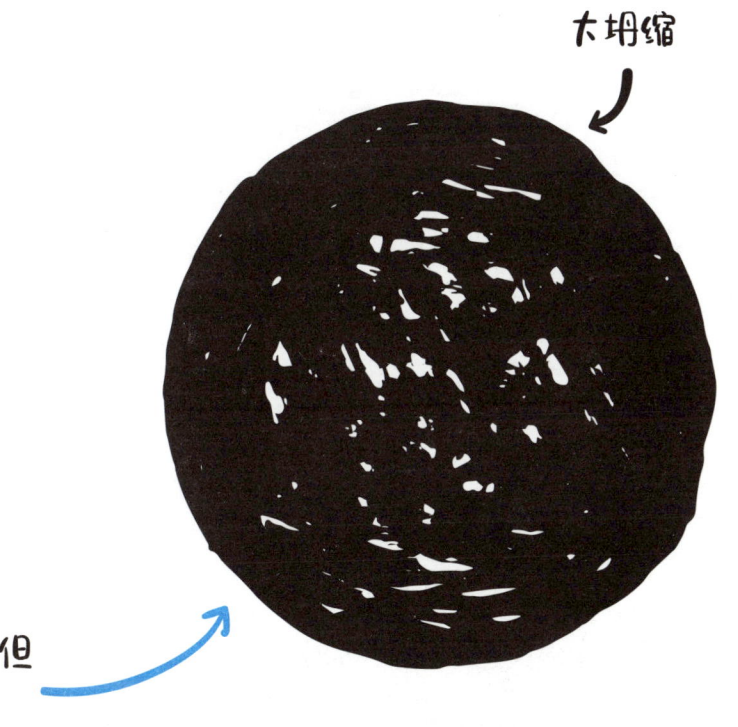

大坍缩

像这样,但大得多

这个理论叫"**大坍缩论**"。

大反弹

这个理论带有一种"生命循环不息"的安慰感,是大坍缩论的一种延伸。根据这个理论,宇宙大爆炸发生的同时,或许另外一个宇宙正因为大坍缩而消亡,最终,我们的宇宙也会发生大坍缩。之后又一个**大爆炸**,再一个**大坍缩**,循环反复,永不止歇。

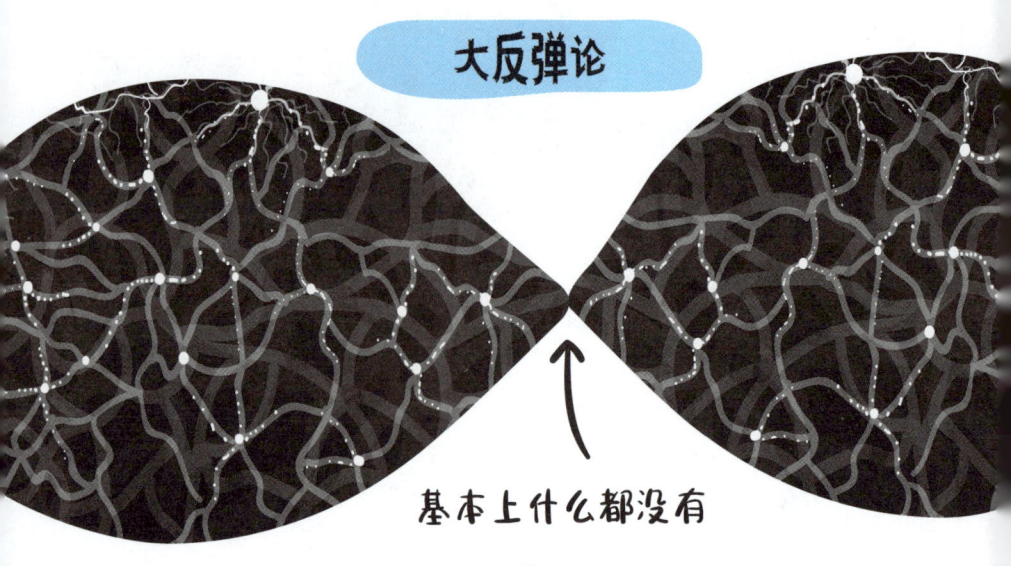

大反弹论

↑
基本上什么都没有

这个理论解释了为什么一开始会发生**大爆炸**。同样，我们知道，新恒星是由死星的尘埃形成的——我们的太阳就是这样形成的，所以在其他宇宙或许也是如此。

无须惧怕黑暗，第二部。

这两个理论的前提，都是宇宙不再膨胀。

我们知道，宇宙在持续膨胀，因为能看到随着距离增加，光线变得越来越红。我们计算出，大爆炸导致宇宙以极快的速度从一个小得几乎不存在的点，膨胀到如今的漫无边际，然后一切都会慢下来，因为宇宙里的所有物质都有着巨大的质量，产生巨大的引力，进而相互牵制，对吧？现在我们还会想，宇宙还会有大量的**暗物质**，所以会有更多的引力进一步将物质拉拢过来。那么宇宙膨胀放慢的速度又是多少呢？

> 什么?
>
> 膨胀速度越来越快了?
>
> 发生了什么事?

但看来宇宙里可不只有我们,还有**暗物质**。如果仔细观察和分析,那么就会发现,有什么东西让宇宙膨胀的速度比应有速度要**快**。我们知道,那不可能是实质性的物质,因为物质会有引力,所以那必然是某种形态的能量,而我们将这种能量称为**暗能量**。我们看不到、闻不到、尝不到,也无法与之以任何形式进行互动(我似乎在什么时候说过类似的话……),暗能量的质量很大(我肯定在前面的章节说过)。

我们认为,宇宙是由67%暗能量、28%暗物质组成的,而普通物质只占5%。

记得我们认为属于我们的那个宇宙吗？我们其实只占了其中的1/20。

那说不通。

干脆就叫它"暗什么"吧！

这"暗什么"东西，届时可能会通过一种没那么戏剧性的方式，将我们带往宇宙"最可能的终结"。

大冻结

自**宇宙大爆炸**后，宇宙便持续膨胀和冷却，而据我们现在所知，这种趋势将会持续下去。最终，宇宙会过度膨胀，待恒星彻底燃烧殆尽，温度**冷却至冰点**，便不再有足够的能量促使新恒星诞生，或让任何东西运动。行星运动速度也会放慢，最终停止，就像在地板上滚动的球，最终也会停下来。它们就会静静地悬在太空中，一动不动（**一片死寂，冰冷无比**）。届时，宇宙中便不会再有活体，既不会发生任何事情，也不会有任何事情改变，只剩下一堆没用的废弃物。

这理论被称为宇宙"**热寂**"或"**大冻结**"，反正听着就已经够可怕了。

> 先来个**大冻结**,再来个**大坍缩**,最后加个**大反弹**吧。

> 没问题,但你不会喜欢这个口味的。

但事实上,如果宇宙的主要组成成分是我们根本不了解的**暗能量**和**暗物质**,那么我们可能永远也无法得知宇宙最终将如何消亡。知道1后面跟着100个0是多少吗?我数不出来,但反正在那么多年内,宇宙消亡是不会发生的。知道自己不用亲历**宇宙终结**,我大大松了口气。

我只希望在不知道哪里,会有一个**平行宇宙**,乔伊的菠萝头能好好享受人生。

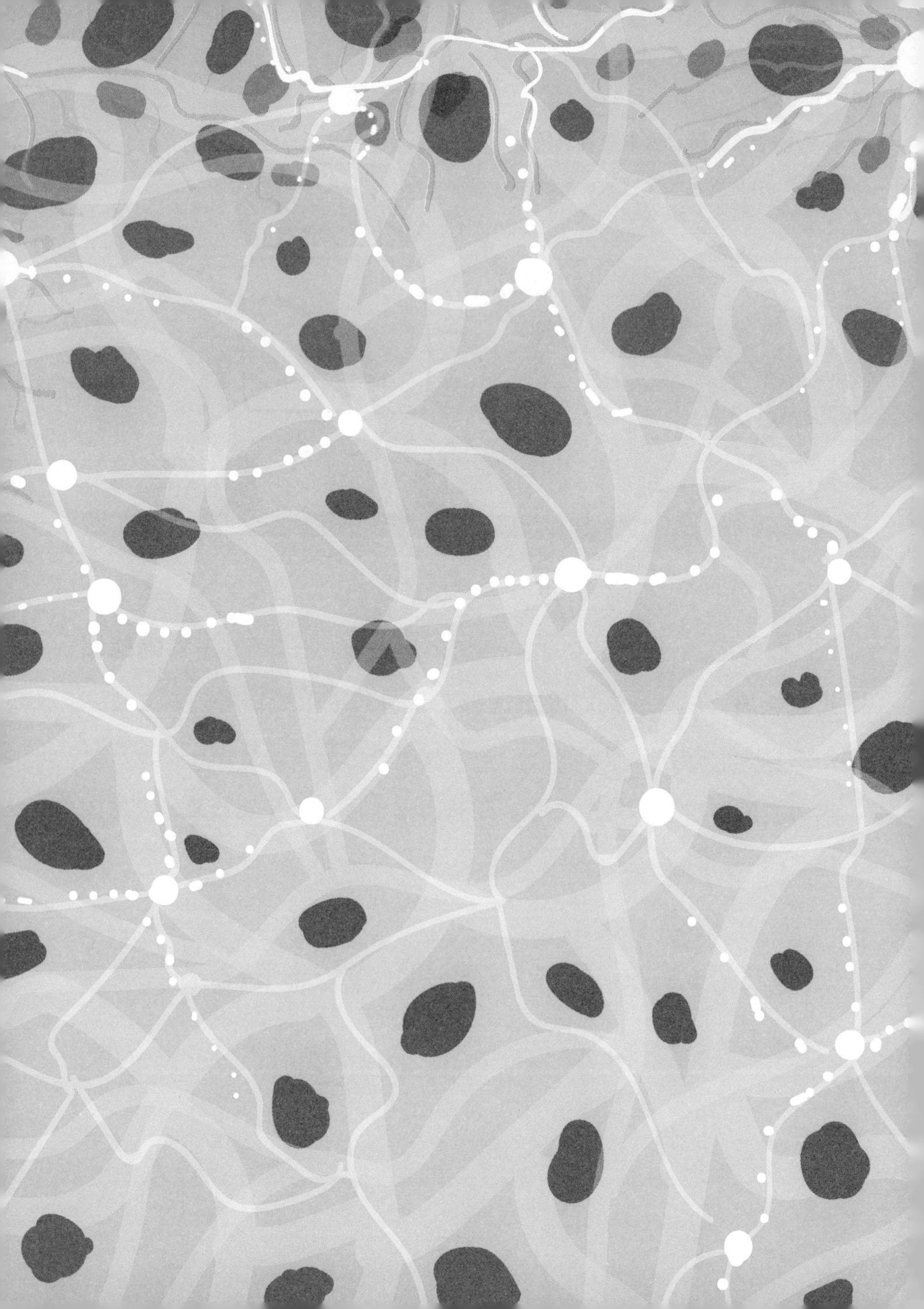

终章（亦是开篇）

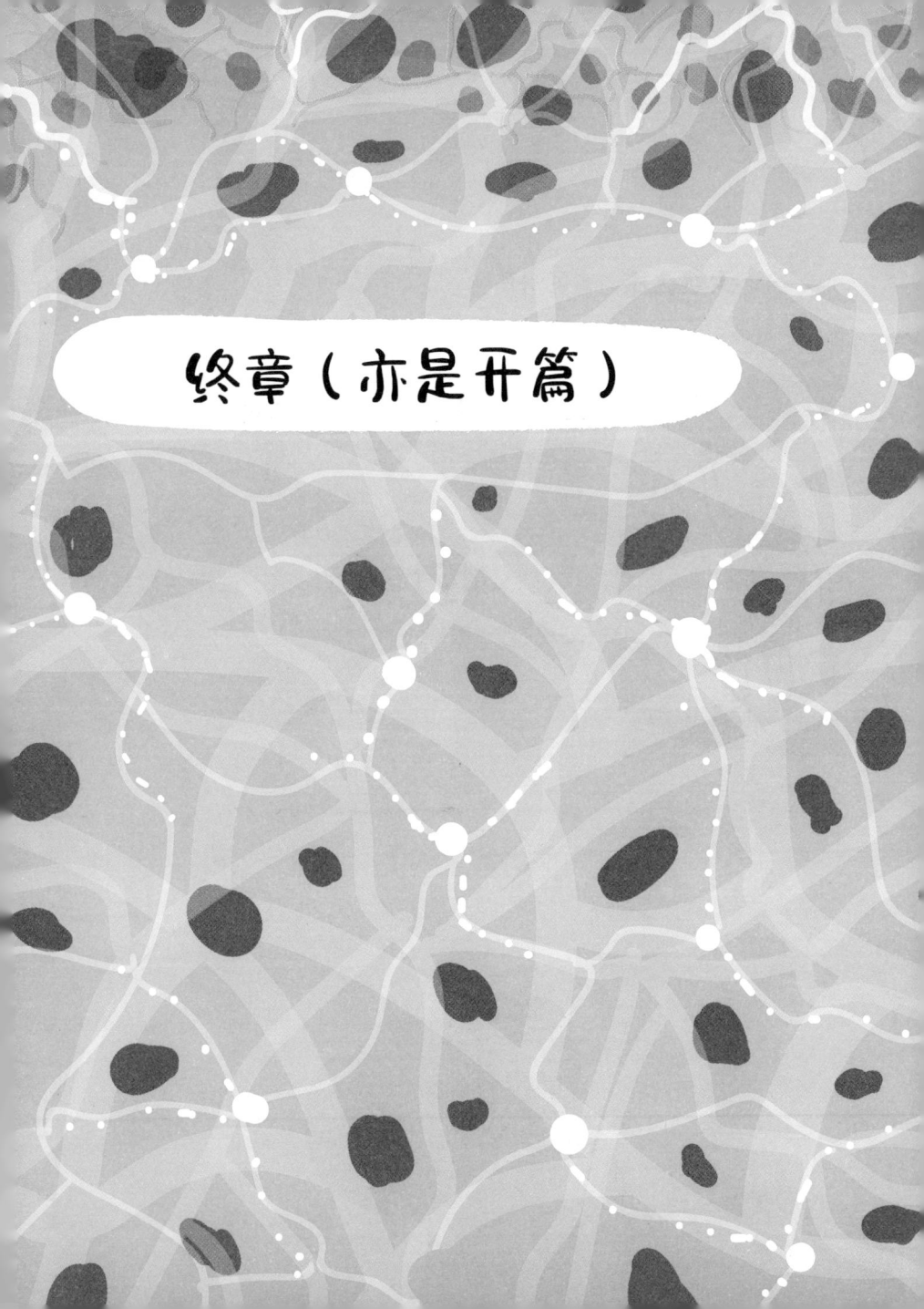

就是这样。我想我们在一天里飞了那么远的一程,已经足够了。现在你可以好好瘫在椅子上,长长舒一口气了。

这场**太空之旅**可真够漫长的。

我们从山顶洞人仰望头顶点点繁星,到宇宙的终结,甚至再到宇宙之外。

我们从**时空大爆炸**的起始,说到宇宙终结后的一片虚无寂静。

我们打包好行李上月球，飞越巨大的气态行星，让宇宙飞船在运动的彗星上着陆。

一路上看过恒星在满是星际尘埃的巨大星云里形成，看遍美景和奇怪无数。

我们目睹了行星上**可怕**的地貌，飞越了极端恶劣且难以置信的行星（说的就是你，金星）……告诉了你那么多，但其实还有更多的还没说。

你知道吗，在登上火箭之前，作为一种祈福仪式，俄罗斯男性宇航员会对着巴士的轮胎撒尿，尽管身上穿着笨重的宇航服。有趣的是，俄罗斯女性宇航员则可以免了这个仪式，只带上一瓶自己的尿，淋上去就好了。

起飞前你不先去趟厕所吗？

你知道吗，尽管光只需要8分钟就能从太阳抵达地球（距离1.496亿千米），但要从太阳中心到太阳表面，得花上100万年吗？

交通状况太差了！

你知道吗, 当年巴兹·奥尔德林从月球回家的时候,他还得给他这趟行程填一张报销表,行程写着"休斯顿——佛罗里达州——月球——太平洋——得克萨斯州",然后公司给他报销了33美元油费。

你知道吗, 欧洲国家的宇航员晚上从天空往下看,永远都能认出比利时,因为比利时曾有法律规定,晚上所有街道必须开灯,所以当国际空间站从欧洲上空经过时,比利时永远是最耀眼、最容易辨认的国家。

那个国家黑乎乎的一片。

那里是大西洋。

啊……我真的有太多东西想跟你说了。太空中还有太多地方有待探索，太阳系还有各处角落待你寻访，还有那么多的地方期待人类印上**足印**。

你可以把这本书当作你**太空探索之旅**的起点。宇宙还有无尽的未知领域，我们需要更多优秀的宇航员、航天器天才，以及了不起的天文学家。

我们**需要**会驾驶火箭的人，需要懂得如何太空漫步的人，还需要那些知道怎么登陆月球的人。

我们**需要**那些能让太空气球在金星上空飘浮的人。

……**在火星上开荒建房的人。**

……**还有在土星卫星上遥控机器人的人。**

我们**需要**有人设计一枚能抵达天王星和海王星的火箭。

我们**需要**有人捕捉跨越时空数十亿年抵达地球的光线粒子,而且需要有人能通过这些粒子告诉我们那些关于宇宙的故事——宇宙到底是如何形成的。

我们需要很多**探索家**。

你什么时候能上岗呢?

关于作者

作者简介：

达拉·奥·布莱恩（Dara O'Briain）拥有都柏林大学数学和物理学学位，是一名儿童科普图书作者和儿童科普传播领军人。他最大的爱好就是跟小朋友们在一起，带领孩子们去探索、去认知、去热爱这美妙的世界。

达拉是英国广播公司（BBC）里最广为人知的科学类节目主持人之一，代表作有《达拉·奥·布莱恩的科学俱乐部》（Dara O'Briain's Science Club），天文纪录片《观星指南》（Stargazing Live），数学教育节目《数字学堂》（School of Hard Sums）以及机器人竞技节目《机器人大擂台》（Robot Wars）。其中，2011年，达拉与粒子物理学教授布莱恩·考克斯（Brian Cox）合作主持了BBC1频道的太空秀之《观星指南》节目，堪称"科学二人天团"。他用出色的语言表现力与互动力，几乎彻底改革了英国电视科普，分享他对科学的爱。

他生活在英国伦敦，有一台天文望远镜，以及一张让他引以为傲的跟登月宇航员巴兹·奥尔德林的合照。

科学小笔记